오늘의 천체관측

밤하늘을 여행하는 초보 별지기를 위한 가이드북

오늘의
천체관측

심재철
김지훈
이혜경
조미선
원치복

ᵬ현암사

저자 소개

심재철

성북작은천문대의 교육단장으로 천문 교육을 맡고 있다. 별이 좋아 30년이 넘게 관측 여행을 다니고 있으며, 별을 보기 때문에 다른 업무도 더 잘한다고 생각한다. 서강대학교 화학과에서 석사 과정을 밟았고, 현재 특수윤활유를 연구하는 직장인이지만 주말에는 아마추어천문가로서 사람들에게 하늘을 알려준다. 천문 교육 경험을 살려 『밤하늘 관측』, 『별과 별자리』, 『지구의 운동과 달』, 『미스터 갈릴레이의 별별 이야기』 등의 책을 집필했다.

김지훈

서울특별시교육청 과학전시관의 천문대 대장. 10여 년 동안 동아리 관측과 가족 천문 교실 프로그램을 진행하며 별 보는 법을 알려주고 있다. 국문학을 전공했지만 별이 좋아 하늘을 보는 일을 선택했으며 천체 사진을 찍으러 다닌다. NASA가 운영하는 오늘의 천체 사진에 1번, 오늘의 아마추어 천체 사진(AAPOD)에 6번 선정되었다.

이혜경

초등학교에서 30여 년간 아이들을 가르치며 천문 동아리를 지도해 왔다. 어린 시절 서울에서 만난 은하수의 감동을 잊지 못해 밤하늘을 보기 시작했다. 1급 천문지도사로서 어린이는 물론 어른들에게도 밤하늘의 길잡이 역할을 하고 있다. 요즘에는 경기도 중원산 기슭에 '숨 천문대'를 설치해 인연 있는 분들에게 별을 보여준다.

조미선

고등학교 지구과학 교사로 17년 동안 일하며 학생들의 천문 동아리 활동을 지도했다. 고등학생 시절 남산에서 헤일 봅 혜성을 천체망원경으로 관측하고 난 뒤 평생 하늘을 보기로 했다. 한국교원대학교에서 교육학 박사 학위를 취득했고, 『생활과 과학』을 집필했다. 천문지도사를 양성하는 교육 강사로도 활동하고 있다.

원치복

한국아마추어천문학회 회장이며 천문 교육과 관련된 여러 활동에 참여하고 있다. 한국교원대학교에서 석사 학위를 취득했으며, 30여 년 동안 고등학교 과학 교사로서 학생들에게 천구의 운동을 가르쳤다. 학생들에게 우주를 더 쉽고 재미있게 소개하는 방법을 계속해서 연구해왔다. 서울특별시교육청 과학전시관에서 천문을 주제로 교원 연수를 진행하고, 연수 기관인 아이스크림의 '밤하늘의 별별 이야기' 교원 연수 프로그램 제작에도 참여했다.

추천의 글

한국천문연구원장 박영득

"우리 모두는 시궁창 속에 있지만, 그중 몇몇은 별을 바라보고 있다."

오스카 와일드의 희곡 속 한 대사입니다. 우리는 왜 우주를 볼까요. 인간의 인식이 지구에만 머무르지 않고 우주까지 뻗어 나가는 것은 인간이 호기심과 욕망을 타고난 존재이기 때문입니다. 인간이니까 우리가 사는 지구 너머의 우주를 궁금해하고, 가닿고 싶어 합니다. 어쩌면 스스로의 존재에 대한 답을 찾아가는 과정이라고도 할 수 있습니다.

별을 바라보는 몇몇 사람들이 모여 새롭고 실용적인 책을 만들었습니다. 이 책은 대한민국 최고 별지기들이 쓴 책입니다. 밤하늘의 별을 찾고 보는 방법, 촬영하는 방법, 보다 더 만끽할 수 있는 방법들을 총총히 담았습니다. 그동안 쌓아온 지식과 노하우, 최첨단 정보까지 실속 있게 정리한, 진정한 프로들의 책 발간을 환영합니다. 낭만과 실속을 함께 담은 책이라 초보 별지기 여러분의 든든한 우주 가이드가 되어줄 것입니다.

우리 머리 위의 밤하늘은 모두의 밤하늘입니다. 이 책 또한 천체관측에 관심 있는 이, 아름다운 천체 사진을 찍고 싶은 이, 천문 정보를 알고 싶은 이 등 별과 우주를 사랑하는 모든 이들에게 가닿을 것입니다. 우주에 대한 관심이 높아져 함께 별 보는 사람이 더 많아질 세상, 마침내 우리가 우주로 확장해 나갈 세상을 꿈꿔 봅니다.

들어가며

무한한 시공간이 주는 경이로움을 담고 있는 밤하늘은, 인간의 눈으로 식별할 수 있는 범위 내에서는 가장 복잡하게 운행하는 존재라고 할 수 있다. 그렇기 때문에 인류에게 밤하늘은 항상 호기심과 탐구, 경탄과 사랑의 대상이었다.

별과 우주에 대한 사랑은 별자리 찾기에서부터 시작되건만, 지상의 불빛으로 하늘이 밝아지면서 도시의 사람들에게 직접 별을 보는 일은 하늘의 별 따기만큼이나 힘들어졌다. 별자리 전설과 모양은 알고 있어도 도심에서는 별이 보이지 않으니 찾을 수가 없다. 평소에 별을 보지 못하니, 모처럼 마음을 먹고 어두운 시골에 가도 무수히 많은 별들 사이에서 별자리를 찾아내는 일은 낯설고 힘들기만 하다.

시골에서 잘 보이는 밝은 별들은 도심에서도 보인다. 직녀성, 아르크투루스, 카펠라, 시리우스 등 어디서든 고개를 들면 보이는 별들이 있다. 평소에 그 밝은 별들을 보고 그 별들이 어디 있는지 알고 있다면 낯선 상황에서도 얼마든지 다른 별들을 찾아 나설 수 있다. 이 책은 사람들이 언제나 밤하늘에서 별들을 찾을 수 있기를 바라면서 썼다.

땅에 발을 딛고 있는 우리는 밤하늘을 통해서 무한의 시공이 존재하는 우주를 여행할 수 있다. 천체망원경이 별을 향하는 순간부터 밤하늘에는 또 다른 세계가 펼쳐진다. 스스로 찾을 수 있는 별이 하나둘 늘어갈 때마다 밤하늘은 계속해서 새로워진다. 별의 움직임을 알아볼 수 있게 되면 밤하늘의 변화를 느끼게 된다. 하늘의 변화가 눈에 들어오면 세상이 달리 보이고 우주가 궁금해진다.

오늘 만난 아름다운 우주를 간직하고 싶다면 스마트폰 카메라로 밤하늘을 찍어보자. 맨눈으로는 잘 보이지 않던 별들도 사진으로는 보일 수 있다. 다양한 기록을 남겨 하늘의 움직임을 비교해 볼 수 있다. 어제의 별과 오늘의 별이 어떻게 다른지를 보자. 사진 속의 별이 어떤 별인지도 찾아보자. 별인 줄 알았던 밝은 천체가 별과는 다른 속도로 움직인다는 사실을 알아낼지도 모른다. 사실 그 별이 화성이나 목성, 토성일 수도 있다. 책으로만 접했던 천체를 일상 속에서 직접 마주하는 순간이다.

대형 천체망원경을 보유한 과학관과 천문대가 전국에 100곳이 넘는다. 그곳에 간다면 과거 갈릴레이와 뉴턴이 봤던 것보다 훨씬 크고 선명하게 행성들을 볼 수 있다. 목성의 위성, 토성의 고리, 화성의 표면이 한눈에 들어오고, 사진으로 남기는 것도 가능하다. 사실 천문대까지 가지 않더라도, 우리 집 베란다에 저렴한 천체망원경을 설치해 두는 것만으로도 행성을 볼 수 있다.

밤하늘을 보는 시간은 우주를 체험하는 수업 시간이나 다름없다. 하늘은 그 누구보다 친절한 과학 선생님이다. 과학은 외우는 것보다 원리를 이해하는 게 중요한 과목이다. 직접 하늘을 지켜보고 기록하며 수업 시간에 배웠던 내용들을 이해한다면 과학적 사고력과 창의력이 자연스럽게 자라난다.

더 많은 사람들이 밤하늘을 읽어내고 직접 우주를 만날 수 있기를 바란다. 모두가 하늘을 좀 더 가까이, 좀 더 일상적으로 올려다보면 좋겠다. 책이나 스크린 너머가 아닌 현실에서 이 세상을 느낀다면 좋겠다. 그래서 누구나 별을 찾을 수 있는 책을 만들고 싶었다. 예술과 아름다운 풍경을 사랑하는 사람, 과학과 우주에 관심이 있는 사람, 힘겨운 세상사로 마음에 여유가 없는 이들 모두에게 한 번쯤 별을 제대로 보여주고 싶다. 일상의 무료함을 극복하고 싶은 이와 함께 이 책을 들고 별이 잘 보이는 곳으로 천체 관측 여행을 떠나고 싶다.

별 보기를 취미로 삼은 별지기들은 추위나 불편한 길 같은 장애물에도 아랑곳하지 않고 망원경과 카메라를 챙겨 전국, 세계 각지로 멋진 하늘을 찾아 떠난다. 개기일식을 보려고 호주와 남미는 물론 북극점 근처의 스발바르까지 갔다. 많은 별지기들이 매일 일상적으로 하늘을 보고 기록을 남긴다. 우리나라의 별지기들이 남긴 천체 사진을 볼 때마다 한국의 하늘이, 우리의 우주가 이렇게 광활하고 아름답다는 것을 새삼 깨닫는다.

이 책을 위해 많은 분들이 귀한 사진들을 흔쾌히 제공해 주셨다. 그분들도 별을 볼 때 느낀 감동을 많은 사람들과 공유하고 싶은 마음이셨을 것이다.

뜨거운 열정으로 별을 사랑하다 밤하늘의 별이 되신 박승철 님, 별바라기 천문 프로그램을 누구나 사용할 수 있도록 공개해 주신 신명근 님, 스발바르 일식을 기록한 김동훈 님, 오랜 기간 금성의 위상 변화와 크기 변화를 기록한 박대영 님, 일상의 업무 중 어려운 짬을 내어 행성의 표면 사진을 기록한 한종현 님, 그리고 한국아마추어천문학회의 손형래 님과 조현웅 님의 귀한 사진이 있었기에 독자들에게 꿈을 주는 책이 될 수 있었습니다. 감사의 말씀을 전합니다.

　　우리나라 과학 도서에 남다른 애정을 보여주시는 현암사의 조미현 대표님과 원고를 꼼꼼히 봐주신 김솔지 편집자님에게도 고마움을 전합니다.

2021년 10월

심재철, 김지훈, 이혜경, 조미선, 원치복

차례

3부

별의 움직임을 기록하다
천체 사진 촬영하기

4부

하늘을 가까이 가져오다

천체망원경의 선택과 사용법

5부

하늘을 이해하다
천문 현상의 과학적 원리

부록

과학은 주장하는 것이 아니라 증명하는 것이다
태양중심설과 지구중심설

1부

밤하늘에서 별을 읽다

별자리를 찾는 방법

1 | 인류, 별을 바라보다

수백만 년 전부터 지구에는 인류가 살고 있었다. 그러나 인류는 이보다 훨씬 뒤인 1만 년 전에야 신석기 시대에 접어들어 농업을 시작했다. 빙하기가 끝나 기후가 따뜻해졌기 때문이다. 빙하가 녹으며 해수면이 높아졌고, 그 변화는 7,000년 전에 멈추었다. 그때부터 인구가 폭발적으로 증가했고 여러 문명이 탄생했다.

세계의 4대 고대 문명은 모두 큰 강의 하류 지역에서 발원했다. 사람들은 강가에서 농사를 지으며 오랜 기간 정착했고 문명을 발전시켰다. 농경 사회에 접어들자 날씨는 더욱 중요해졌다. 더 많은 양의 곡물을 수확하기 위해 씨를 뿌리고 수확하기에 적합한 때를 결정해야 했기 때문이다. 그래서 매년 비슷한 시기에 발생하는 홍수를 예측할 필요가 있었다.

요즘에는 스마트폰으로 언제든 시간과 날짜, 날씨를 쉽게 확인할 수 있지만 옛날 사람들에게는 그게 무척 어려운 일이었다. 날씨와 강의 수위, 식물의 개화 등 자연현상을 관찰해 계절과 날짜를 짐작할 수는 있었다. 하지만 자연현상은 해마다 조금씩 차이가 있어 예측의 정확도가 떨어질 수밖에 없었다.

그래서 사람들은 하늘을 보았다. 계절의 변화를 정확히 알기 위해 많은 시간을 들여 태양, 달, 별의 움직임을 기록하고 추적했다. 다행히도 천문 현상은 규칙적이었고, 날짜를 가늠할 좋은 기준이 되어주었다.

나일강의 범람으로 고통받던 고대 이집트인들은 밤하늘에서 가장 밝은 별인 시리우스(천랑성)를 주목했다. 시리우스는 아주 밝아서 새벽녘 동쪽 하늘에서 해뜨기 직전까지도 보이는데, 시리우스와 태양이 비슷한 시각에 뜨는 시기가 되면 매번 나일강이 범람했기 때문이다. 시리우스와 태양이 뜨는 시각의 차이를 정밀하게 관측함으로써 나일강의 범람 시기를 예측할 수 있었다.

이처럼 고대인들은 해뜨기 직전 동쪽 지평선에 떠 있는 별을 보고 계절과 날짜를 가늠했다. 별은 항상 동쪽 지평선의 같은 위치에서 뜨고, 1년 주기로 늘 같은 시각에 동일한 위치에 있기 때문이다. 태양이 뜨기 바로 직전에 시리우스가 동쪽 지평선 위에 나타나는 날도 매년 똑같이 반복된다. 지금 달력으로 치면 7월 말경이다. 만약 태양이 뜨기 직전 동쪽 지평선에 처녀자리의 1등성 스피카가 뜬다면 11월 초순이라는 말이다.

계절마다 태양이 뜨기 바로 직전에 어떤 별이 동쪽 지평선 근처에 있는지를 기록해 놓는다면, 오늘 나타난 별을 확인해 날짜를 알 수 있다. 옛사람들의 기준이 된 별은 36개였다. 10일 간격으로 뜨는 별 36개를 선정해 날짜를 계산했으니, 1년을 대략 360일쯤으로 예상했던 것이다.

사진 1-1 2020년 11월 14일 새벽 6시 21분 동쪽 지평선 부근. 스피카가 수성과 금성 사이에 있다.

이렇듯 규칙적으로 움직이는 별은 시각과 계절을 알려준다. 그렇다면 움직이지 않는 별은 어떨까?

북반구 사람들은 하늘에 못 박혀 움직이지 않는 북극성(폴라리스)으로 "나는 어디에 있는가? 나는 어디로 가고 있는가?"를 알아냈다. 북극성은 위치와 방향을 가늠할 수 있게 한다. 계절과 시각에 상관없이 늘 같은 위치에 있다. 게다가 관측자의 위도와 같은 고도에 있다. 예를 들어 위도 37.5°의 서울에서는 북극성의 고도가 항상 37.5°이고, 위도 33°의 제주에서는 북극성의 고도가 항상 33°다. 그렇기 때문에 북극성을 보면 북쪽이 어디인지, 내가 어느 위도에 있는지를 알 수 있다.

북극성의 고도

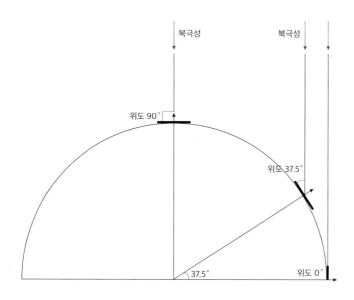

사진 1-2 북극성은 움직이지 않고, 다른 별들은 북극성을 중심으로 회전한다.

북극성은 특히 항해하는 사람들에게 중요했다. 땅이 보이지 않는 망망대해를 항해할 때도, 해가 지고 나면 북극성의 고도 변화로 배의 방향을 가늠할 수 있었다. 북극성의 고도가 높아지면, 그러니까 북극성이 점점 더 높이 올라간다면 배는 북쪽으로 가는 것이고, 반대로 북극성의 고도가 낮아지면 배가 남쪽 방향으로 나아가는 셈이다. 만약 배가 남북이 아니라 동서 방향으로 움직인다면 북극성의 고도에는 변화가 없다. 그리고 어느 쪽이 북쪽인지 아니까 방향을 알 수 있다. 그래서 북극성은 여행자와 항해자의 길잡이였다.

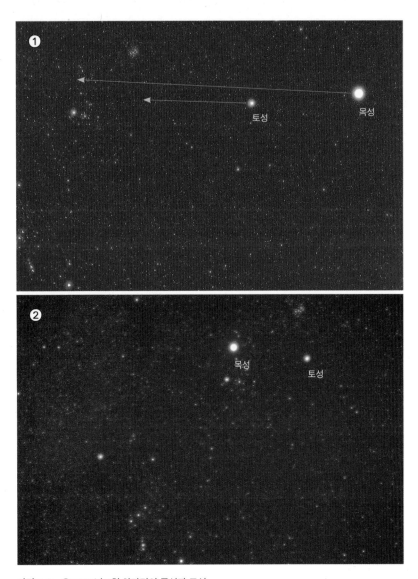

사진 1-3 ① 1999년 6월 양자리의 목성과 토성.
② 2000년 8월 황소자리로 이동한 목성과 토성. 별자리를 배경으로 행성의 움직임을
알아볼 수 있다. 목성이 토성보다 빨리 움직이기에 더 동쪽으로 갔다.

밤하늘의 별자리는 별, 즉 항성恒星, star으로 이루어져 있다. 스스로 빛나는 별인 항성은 밤하늘에 무질서하게 분포되어 있지만, 그 밝기와 서로간의 상대적 위치가 바뀌지 않는다. 적어도 인간이 느낄 수 있는 시간 안에는. 40년 전에 본 사자자리와 올해 본 사자자리는 밝기도 모양도 똑같다.

별은 변하지 않기 때문에 변하는 천체들을 기록할 때 기준이 되었다. 사람들은 별자리를 만들어 하늘을 구분했고, 달의 움직임도 별자리를 기준으로 정밀하게 기록할 수 있었다. 늘 밝기가 바뀌고 복잡하게 움직이는 행성과 혜성의 위치 또한 별자리를 배경으로 삼아 기록되었다.

밤하늘의 별들은 사람들에게 시계이자 나침반이고 지도였다. 초저녁 동쪽 하늘에 어떤 별자리가 떠 있는지를 보고 계절을 알 수 있었고, 이 별자리가 한밤중에 어디에 위치하느냐를 이용해 시각을 예측했다. 북극성을 보고 방향을 알았고, 별자리를 보고 행성의 움직임을 파악했다.

그냥 봐도 아름다운 밤하늘은 인간의 눈으로 식별할 수 있는 범위 내에서 가장 복잡하고 정교하게 변화하는 존재다. 현대를 살아가는 우리는 방향과 시각을 알기 위해 별자리를 알아볼 필요가 없다. 그러나 밤하늘의 별자리를 읽을 수 있을 때 우리는 하늘에서 일어나는 변화를 제대로 느끼고, 우주가 속삭이는 이야기를 들을 수 있다. 인류에게 밤하늘은 항상 호기심과 탐구의 대상이었다.

그곳에서 과학이 시작되었다.

2 | 나는 왜 별자리를 찾을 수 없을까?

대부분의 별자리는 그리스로마 신화의 인물이나 동물을 본떴다. 그러나 밤하늘을 열심히 들여다봐도 신화의 주인공들은 보이지 않는다. 곰과 헤라클레스는, 전갈은, 물고기는 하늘 어디에 있단 말인가?

'밤하늘에서 어떤 별자리를 찾을 수 있나요?'라고 질문을 하면 많은 사람들이 북두칠성이라고 대답한다. 그런데 북두칠성은 국제천문연맹에서 지정한 공식 별자리가 아니다. 큰곰자리의 엉덩이와 꼬리 부분에 위치한 일곱 별이 바로 북두칠성이다. 그러나 사람들은 큰곰자리보다 북두칠성에 더 익숙해서 밤하늘에서 신화 속 곰 대신 국자를 더먼저, 쉽게 찾는다. 이처럼 별자리의 특징적인 모양을 먼저 찾는다면, 전체 별자리도 보인다. 북두칠성을 찾으면 큰곰자리가 눈에 들어오고, 찌그러진 H를 찾으면 헤라클레스를 눈에 담을 수 있다.

그런데 드넓은 밤하늘에서 찌그러진 H자 모양의 별들을 찾는 것도 쉬운 일이 아니다. 특히 별이 몇십 개도 보이지 않는 도심에서라면 모

사진 1-4 큰곰자리. 곰의 모습과 국자 모양 중 무엇이 먼저 보이는가?

양만으로 헤르쿨레스자리를 찾는 것이 거의 불가능하다.

많은 별자리 관련 책들이 나왔다. 하지만 별자리 책을 보는 것과 실제 밤하늘에서 별자리를 찾는 일은 별개다. 책을 뚫어져라 들여다봐도 책에 그려진 완벽한 별자리 모양이 머리 위의 밤하늘에 자동적으로 나타나지는 않는다. 대부분의 책이 하늘에 별자리가 전체 모습을 드러냈을 때를 기준으로 모양을 알려준다. 하지만 하늘이 밝아서, 주위 지형에 가려져서, 뜨거나 지는 중이라서 부분만 보이는 경우가 훨씬 많다.

방향의 기준이 되는 북극성조차 밝은 별은 아니라 어느 별인지 바로 알 수는 없다. 북극성을 찾기 위해서는 카시오페이아자리와 큰곰자리가 하늘 어디쯤 있는지 알아야 하는데, 이 두 별자리도 가장 쉽게 찾을 수 있는 별자리는 아니다. 그럼 대체 별자리는 어떻게 찾아야 하는 걸까?

별자리 찾는 방법을 바꾸면 하늘이 보인다. 잘 보이지도 않는 별자리 모양 대신, 밤하늘에서 누구나 쉽게 찾을 수 있는 밝은 별을 확인한다면 별자리를 구분할 수 있게 된다. 즉 별자리보다 별이 우선이다.

우리는 이 책에서 별을 찾을 것이다.

3 | 계절에 따라 바뀌는 별자리들

옛사람들이 그렸던 별자리는 문화마다, 시대마다 제각각 달랐다. 누군가는 별들을 보고 신화 속 거인을 떠올렸겠지만, 누군가는 같은 별을 보고 쟁기를, 다른 누군가는 손을 연상했다. 1928년 국제천문연맹에서 제각각인 별자리들을 정리했다. 국제천문연맹은 88개의 별자리를 공식적으로 정했으며 그중 대부분은 서양 문화권에서 유래했다.

우리나라에서는 88개의 별자리 중 약 60개 정도를 볼 수 있다. 북극성 주변에 있는 작은곰자리, 용자리, 케페우스자리, 카시오페이아자리는 계절에 상관없이 항상 볼 수 있다. 하지만 나머지는 계절에 따라 보이는 시기와 시각이 달라진다. 별자리들이 보이는 시기에 따라 우리는 봄철 별자리, 여름철 별자리, 가을철 별자리, 겨울철 별자리를 구분한다.

그러나 여름에 볼 수 있다고 해서 모두 여름철 별자리는 아니다. 하늘에는 항상 여러 계절의 별자리가 동시에 떠 있다. 사실 별자리들은

북동

사진 1-5 여름 초저녁 동쪽 하늘. 데네브, 알타이르, 안타레스가 북동쪽부터 남동쪽까지의 하늘을 화려하게 밝히고 있다.

계절과 상관없이 언제나 하늘에 자리를 잡고 있다. 그저 하늘이 낮과 밤으로 나뉘어 있기에, 여름에는 낮에 뜬 겨울철 별자리를 보지 못할 뿐이다. 심지어 여름밤에는 봄철 별자리와 가을철 별자리도 여름철 별 자리와 함께 있다.

그렇다면 대체 무슨 기준으로 별자리의 계절을 정하는 걸까? 바로 그날 밤 언제든 볼 수 있는 별자리들이 그 계절의 별자리이다. 여름날 초저녁에도, 자정에도, 새벽녘에도 보여야 비로소 여름철 별자리라고

알타이르

안타레스

남동

불릴 자격이 있다.

여름 밤하늘을 살펴보자. 7월 15일 밤 9시경 동쪽부터 남쪽까지의 하늘은 전갈자리, 거문고자리, 독수리자리 등 여름철 별자리가 점령하고 있다. 같은 시각 남쪽에서 서쪽까지는 사자자리, 처녀자리, 목동자리 등 봄철 별자리가 하늘을 밝히고 있다. 6시간 뒤 새벽 3시경이 되면 별자리는 하늘의 반을 이동해 있다. 동쪽에 있던 여름철 별자리들은 모두 서쪽 하늘에 가 있고, 물고기자리, 페가수스자리, 안드로메다자리 등 가을철 별자리가 동쪽에 등장했다. 즉 한여름 새벽 3시의 하늘에는 서쪽에 여름철 별자리, 동쪽에 가을철 별자리가 떠 있는 것이다.

시간이 좀 더 지나 새벽 4시가 되면 동쪽 지평선 위로 겨울의 전령인 마차부자리의 알파성 카펠라와 황소자리의 알파성 알데바란이 보인다. 다시 말해 겨울철 별자리 일부(동쪽 지평선 바로 위)와 가을철 별자리 전체(남쪽 하늘), 그리고 여름철 별자리 일부(서쪽 지평선 바로 위)가 공존한다. 한여름 새벽하늘에는 세 계절의 별자리가 동시에 떠 있는 셈이다. 이날 초저녁 서쪽에 봄철 별자리가 있었으니, 하룻밤을 지새우면 네 계절의 별자리 모두를 볼 수 있다.

초저녁 동쪽 하늘에 떠 있는 별자리는 자정 무렵 남쪽으로 이동했다가 새벽녘에는 서쪽 하늘로 이동해 있으므로 내내 볼 수 있다. 그래서 초저녁 동쪽 하늘에 보이는 별자리를 그 계절의 별자리라 부른다. 따라서 봄 초저녁 동쪽 하늘에는 봄철 별자리가, 가을 초저녁 동쪽 하늘에는 가을철 별자리가 자리를 잡고 있다.

겨울 초저녁 동쪽 하늘에 있는 별자리가 겨울철 별자리라면, 같은 시간 서쪽 하늘에는 어느 계절의 별자리가 있을까? 각 계절별 별자리가 어떤 순서로 뜨는지 알면 서쪽 하늘에 어느 별자리가 있을지 예상할 수 있다.

겨울 초저녁 동쪽 하늘에 있는 겨울철 별자리는 몇 시간 전에 동쪽 지평선 위로 떠올랐을 것이다. 겨울철 별자리가 다 뜨고 나면, 다음 계절 별자리인 봄철 별자리가 동쪽 지평선 위로 올라오기 시작한다. 봄철 별자리가 다 뜨고 나면 여름철 별자리가 이어서 떠오르고, 그 뒤를 가을철 별자리가 잇는다. 그리고 가을철 별자리가 다 올라오면 다시 겨울철 별자리가 동쪽 지평선 위로 떠오른다. 즉 겨울 초저녁부터 동

오리온자리

마차부자리

황소자리

겨울철 별자리

가을철 별자리

페르세우스자리

카시오페이아자리

물고기자리

안드로메다자리

고래자리

페가수스자리

서

사진 1-6 함께 떠 있는 겨울철 별자리와 가을철 별자리.

쪽 지평선 위로 뜨는 별자리의 순서는 겨울, 봄, 여름, 가을, 겨울이 된다. 별자리는 이 순서로 계속 반복해서 뜨고 진다.

별들은 동쪽에서 떠서 서쪽으로 지므로, 동쪽에서 먼저 뜬 별자리는 다음으로 뜨는 별자리보다 늘 서쪽에 있다. 예를 들어 가을철 별자리는 여름철 별자리보다 늦게 뜨지만 겨울철 별자리보다는 항상 먼저 뜬다. 따라서 가을철 별자리는 항상 겨울철 별자리보다 서쪽에 있고, 여름철 별자리보다는 동쪽에 있다. 즉 언제나 앞선 계절의 별자리가 더 서쪽에 있으며, 뒤따르는 계절의 별자리는 그보다 동쪽에 있다.

밤하늘에서 어느 한 계절의 별자리를 찾을 수 있다면, 인접한 두 계절의 별자리도 쉽게 찾을 수 있다.

4 그 계절의 1등성을 찾아라!

깜깜한 시골 밤하늘에는 수없이 많은 별이 빛난다. 밝은 도심의 밤하늘에도 별 몇 개가 하늘에 흩어져 있다. 도심에서도 보이는 별들은 시골 밤하늘에서 유독 밝게 빛난다. 이 별들은 1등성*이며, 대부분 별자리 내에서 가장 밝은 별인 알파성(으뜸별)을 맡고 있다.** 언제 어디서나 잘 보이는 1등성은 구분하기도 쉽기 때문에 밤하늘의 이정표가 되어준다.

별자리는 모양이 아니라 잘 보이는 별을 이용하면 찾기 쉽다. 한여름 한밤중 고개를 들어 머리 바로 위, 천정 근처를 바라보면 유난히 밝게 빛나는 별이 있다. 바로 직녀성(베가)이다. 그 옆을 보면 어두운 별 4개가 평행사변형 모양으로 배열되어 있다. 바로 거문고자리다. 즉 직

---

*   기원전 2세기경에 히파르코스가 맨눈으로 보이는 별을 밝기를 6등급으로 분류했다. 밝은 별이 1등성, 가장 어두운 별이 6등성으로 숫자가 클수록 어둡다.

** 오리온자리의 리겔과 쌍둥이자리의 폴룩스는 별자리에서 알파성이 아니라 베타성이지만 1등성이다.

녀성을 찾은 후 근처 별들의 모양을 확인하면 거문고자리를 찾기 쉽다. 마찬가지로 겨울 동쪽 하늘에 가장 먼저 떠오르는 1등성 카펠라를 확인하면 그 주위에서 오각형 모양의 마차부자리를 찾을 수 있다.

밤하늘에 뜬 수없이 많은 별 중 맨눈으로 쉽게 확인할 수 있는 별은 20개 내외이다. 다른 별들은 어두워서 잘 보이지 않을 뿐 아니라, 비슷비슷해 어느 별자리인지 확인하기 어렵다. 밝은 별들도 사계절 별자리들에 제각각 흩어져 있어 한 번에 모두 볼 수 없다. 도심에서 무심코 밤하늘을 봤을 때 알아볼 수 있는 별은 5개 정도에 많아야 10개 정도다.

그러니 누구에게나 보이는 밝은 별을 구분하기는 어렵지 않다. 그 중에서도 가장 밝은 별은 더 정체를 확인하기 쉽다. 바로 봄철 별자리의 아르크투루스, 여름철 별자리의 직녀성(베가), 가을철 별자리의 포말하우트, 겨울철 별자리의 시리우스다. 이렇게 하늘에서 가장 밝은

기준이 되는 1등성

기준	봄	여름	가을	겨울
가장 밝은 1등성	아르크투루스	직녀성(베가)	포말하우트	시리우스
가장 먼저 뜨는 1등성*	레굴루스	직녀성(베가)		카펠라
가장 북쪽에 있는 1등성	아르크투루스	데네브		카펠라
가장 높이 뜨는 1등성**	아르크투루스	직녀성(베가)		폴룩스
가장 남쪽에 위치한 1등성	스피카	안타레스	포말하우트	시리우스
가장 늦게 지는 1등성***	아르크투루스	데네브		폴룩스

* 동쪽 지평선을 기준으로 가장 높이 떠 있는지 판단.
** 천정을 기준으로 가장 가까이 지나는지 판단.
*** 서쪽 지평선을 기준으로 가장 높이 떠 있는지 판단.

손으로 별들의 각도 재기

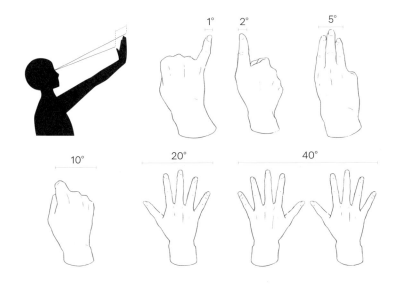

별을 찾고 나서 그 별을 기준으로 다른 별들을 찾으면 전체 별자리가 보인다.

손으로 두 별 사이의 각도를 재는 법을 안다면 별들의 정체를 확인하기가 더 편해진다. 손은 정확도는 떨어지지만 가장 쉽고 간편하게 이용할 수 있는 측정 도구다. 팔을 쭉 뻗어 새끼손가락을 세우면 손가락의 두께에 해당하는 각도가 1°라고 보면 된다. 같은 방법으로 엄지손가락은 2°, 엄지손가락과 새끼손가락을 뺀 나머지 세 손가락은 5°로 본다. 주먹을 쥐면 10°, 손가락을 완전히 편 한 뼘은 20°다. 한 손으로 각도를 잴 수 없다면 왼손과 오른손을 합쳐도 된다. 양손 두 뼘을 이으면 20°가 합쳐져 40°인 셈이다. 만약 두 손으로도 잴 수 없다면? 끈을 이용해 보자. 일단 양팔을 사용해 끈으로 거리를 재고, 그 끈의 길이를 손으로 재어서 각도로 환산하는 것이다.

하늘에서 제일 큰 천체인 해와 달도 0.5° 안에 들어간다. 태양이나 보름달을 새끼손가락으로 가려보면 충분히 가려진다. 기회가 된다면 북두칠성을 구성하는 별 사이의 각도를 손으로 확인해 보자.

목동자리 **아르크투루스 찾기**

"북두칠성 국자 손잡이의 곡선을 남쪽으로 따라가다 보면 밝은 1등성 이 나타나는데 바로 목동자리의 아르크투루스다. 이 별과 근처에 오각 형으로 배치된 별 5개를 이으면 도깨비 방망이 모양의 별자리가 만들 어진다. 그리스 사람들은 이 모양에서 곰을 감시하는 사냥꾼이나 소를 모는 목동의 모습을 연상했다."

대부분의 별자리 관련 책에서는 목동자리의 아르크투루스 찾는 법을 이렇게 설명한다. 이 방식대로 하려면 북두칠성을 먼저 찾아야 한다. 북두칠성이 어디 있는지 모르면 아르크투루스를 찾을 수 없다.

북두칠성을 구성하는 별은 대부분 2등성이다. 특히 국자 손잡이의 네 번째 별은 3등성으로 더 어두워서 도심에서는 잘 보이지 않는다. 즉 달빛이 없고 아주 맑은 날이 아니라면, 도시에서 북두칠성을 찾기란 어려운 일이다. 더군다나 이 일곱 별 중 하나라도 구름이나 건물에 가 린다면, 나머지 별들이 보여도 북두칠성의 일부라는 사실을 알아채기

아르크투루스가 뜨고 지는 시각*

	뜨는 시각	정남쪽 근처에 있는 시각	지는 시각
3월	21시~19시	4시~2시	11시~9시
6월	15시~13시	22시~20시	5시~3시
9월	9시~7시	16시~14시	23시~21시
12월	3시~1시	10시~8시	17시~15시

* 붉은색으로 표시한 시간에는 해가 떠 있어 별이 잘 보이지 않는다.

힘들 것이다. 깜깜한 시골에서도 마찬가지다. 수없이 많은 별이 가득하기에 북두칠성이 어느 방향에 있는지 모른다면 찾기 어렵다. 그러나 북두칠성의 위치를 몰라도 목동자리의 아르크투루스를 쉽게 찾을 수 있다.

아르크투루스는 우리나라 어디에서나 볼 수 있는 별 중 시리우스 다음으로 밝다.** 그러니 아르크투루스는 봄철 별자리가 펼쳐진 밤하늘에서 가장 먼저 눈에 띈다. 사자자리의 레굴루스와 처녀자리의 스피카도 봄철 별자리를 구성하는 밝은 별이지만, 그 밝기가 아르크투루스에 비할 바가 못 된다. 아르크투루스와 레굴루스는 같은 1등성이지만 아르크투루스가 레굴루스보다 3배 정도 밝다. 그러므로 봄철 별자리가 있는 구역에서 가장 밝게 빛나는 별을 찾으면 누구나 쉽게 그 별이 아르크투루스라고 짐작할 수 있다.

아르크투루스는 봄철 별자리의 1등성 중 가장 북쪽에 위치하고 가장 동쪽에 있어 가장 늦게 진다. 이 사실까지 참고하면 더 쉽게 찾을 수

** 시리우스 다음으로 밝은 별은 카노푸스다. 그러나 카노푸스는 위도가 37.3°보다 낮은 남쪽 지역에서 짧은 시간 동안만 낮게 떠서 한국에서 이 별을 보기는 쉽지 않다.

사진 1-7 아르크투루스와 북두칠성. 아르크투루스를 먼저 찾고 북쪽으로 시선을 돌리면 북두칠성이 보인다.
▶ 별자리 위치 확인: 77쪽

있을 것이다. 북두칠성을 먼저 찾지 못했어도 아르크투루스를 알아볼 수 있다. 잘 보이지도 않는 북두칠성을 먼저 찾기보다는, 가장 눈에 띄는 아르크투루스를 찾아 확인한 후, 이 별에서 북쪽 방향으로 30°쯤 떨어진 북두칠성을 찾는 것이 더 쉽다.

아르크투루스는 언제 어디서든 쉽게 찾을 수 있으므로, 이 별이 포함된 목동자리가 큰곰자리보다 훨씬 찾기 쉬울 것이다.

여름　거문고자리 **직녀성(베가) 찾기**

칠월칠석에 견우와 직녀가 만난다는 전설이 만들어진 이유는, 아마도 견우성(알타이르)과 직녀성(베가)이 이날 밤 하늘에서 가장 찾기 쉬운 별이기 때문일 것이다. 동북아시아에서 직녀성이라고 불린 베가는 우리나라에서 볼 수 있는 1등성 중 가장 천정에 가까운 곳을 지난다.

팔을 똑바로 올린 채 고개를 들어 하늘을 봤을 때 손끝이 가리키는 곳, 하늘에서 가장 높은 곳이 바로 천정이다. 우리나라에서는 태양이나 달이 아무리 높이 떠도 천정에서 한참 남쪽으로 떨어져 있다. 화성, 목성, 토성도 천정 근처를 지나지 않는다. 그러므로 우리나라에서 천정 근처를 지나는 가장 밝은 천체는 직녀성이다.

칠월칠석이면 양력으로 8월, 한여름이다. 이날 초저녁에 직녀성은 천정 근처에 있다. 도심의 고층 건물이 아무리 높아도 천정을 가릴 수는 없기 때문에, 빌딩 숲에서도 고개를 들면 직녀성이 보인다. 마찬가지로 계곡으로 피서를 가도 한여름 밤에 천정 근처의 직녀성을 볼 수 있다. 한여름에는 날씨만 허락한다면 우리나라 어디에서든 머리 위에서 유난히 밝게 빛나는 직녀성이 보인다. 그냥 천정 근처에서 밝게 빛나는 별은 직녀성이라고 생각하면 된다.

직녀성은 심지어 다른 계절에도 잘 보인다. 크리스마스이브 초저녁 서쪽 지평선 위에서도 쉽게 보일 만큼 밝다. 게다가 직녀성은 하늘에 거의 17시간이나 떠 있어서 그동안 밤이 한 번은 찾아온다. 몇 시에 어느 쪽에서 볼 수 있느냐의 차이는 있지만 우리나라에서 직녀성은 모든 계절에 보인다.

직녀성(베가)이 뜨고 지는 시각

	뜨는 시각	천정 근처를 지나는 시각	지는 시각
2월	2시~0시	10시 15분~8시 15분	18시 30분~16시 30분
5월	20시~18시	4시 15분~2시 15분	12시 30분~10시 30분
8월	14시~12시	22시 15분~20시 15분	6시 30분~4시 30분
11월	8시~6시	16시 15분~14시 15분	0시 30분~22시 30분

가을 남쪽물고기자리 **포말하우트 찾기**

남쪽물고기자리의 포말하우트는 가을철 별자리의 별 중 가장 밝으며, 그중 유일한 1등성이다. 우리나라에서 볼 수 있는 1등성 중 가장 남쪽에 위치한다. 가을철 별자리가 동쪽 하늘에 모두 떠오른 후 남쪽 하늘로 이동하는 시각에, 남쪽 지평선 위로 23°쯤 되는 곳에서 외롭게 빛나

동

◀ 남

사진 1-8 직녀성은 도심에서도 잘 보인다. 직녀성을 찾고 나서 근처의 별 4개로
거문고자리를 찾아보자. ▶ 별자리 위치 확인: 78쪽

는 포말하우트를 찾을 수 있다. 주변에 밝은 별이 없기 때문에 쉽게 확인할 수 있다.

가을철 별자리가 남쪽으로 가기 전에 조금 더 일찍 동쪽 지평선 위의 포말하우트를 찾고 싶다면, 이미 남쪽 하늘을 점령한 직녀성(베가)과 견우성(알타이르)을 이용하면 된다. 직녀성이 천정을 지나 서쪽 하늘로 이동하려는 시각에 포말하우트가 동쪽 지평선 위로 고개를 내민다. 천정 근처에 있는 직녀성과 그로부터 남동쪽에 있는 견우성을 이어보자. 그 선을 남동쪽 지평선까지 연장한 후, 여기서 동쪽 방향으로 조금 더 시선을 돌리면 막 떠오르는 밝은 별이 보인다. 바로 포말하우트다.

남쪽 하늘에 위치한 포말하우트는 고도가 낮고 8시간 정도만 떠 있다. 그래서 포말하우트가 남서쪽 지평선 위로 질 때쯤에는 9시간이나 먼저 뜬 북동쪽의 직녀성과 비슷한 고도에 있다. 이때는 북동쪽의 직녀성을 먼저 찾아 오른팔로 가리킨 후, 왼쪽 팔을 벌려 약 70°쯤 남쪽을 가리키면 그곳에서 포말하우트를 찾을 수 있다.

포말하우트가 뜨고 지는 시각

	뜨는 시각	정남쪽 근처에 있는 시각	지는 시각
1월	13시~11시	17시~15시	21시~19시
4월	7시~5시	11시~9시	15시~13시
7월	1시~23시	5시~3시	9시~7시
10월	19시~17시	23시~21시	3시~1시

사진 1-9 포말하우트는 어두운 가을철 별자리에서 가장 밝게 빛난다.
▶ 별자리 위치 확인: 79쪽

< 동   남   서 >

큰개자리 **시리우스 찾기**

밝은 별이 별로 없는 가을철 별자리가 남쪽 하늘로 이동하면 겨울철 별자리의 밝은 별들이 하나둘 떠오르며 동쪽 하늘을 화려하게 수놓기 시작한다. 겨울철 별자리에는 1등성이 7개나 포진해 있다. 정동 쪽 근처에서 여섯 번째 1등성이 뜨면, 채 30분이 지나기 전에 일곱 번째 1등성이 가장 밝게 빛나며 남동쪽 지평선 위로 떠오른다. 이전에 떠오른 여섯 1등성들에 비할 바 없이 밝은 이 별이 바로 시리우스다. 큰개자리의 시리우스는 겨울철 별자리에서 가장 늦게, 가장 남쪽에서 뜨는 1등성이다.

시리우스는 겨울철 별자리에 포진한 1등성 중 가장 밝게 빛날 뿐만 아니라, 밤하늘 전체를 통틀어 가장 밝은 별이다. 겨울철 별자리 전체가 동쪽 하늘에 모습을 드러낸 이후 남쪽 하늘을 거쳐 서쪽 하늘로 이동할 때까지, 이 기간에 하늘에서 가장 밝게 빛나는 별을 가리키면 그 별이 바로 시리우스다. 시리우스가 정남쪽에 위치할 때의 고도(남중고도)가 약 36°라는 점을 알고 있으면, 비교할 만한 1등성들이 구름에 가려도 시리우스를 확인할 수 있다.

시리우스가 뜨고 지는 시각

	뜨는 시각	정남쪽 근처에 있는 시각	지는 시각
2월	17시 30분~15시 30분	22시 30분~20시 30분	3시 30분~1시 30분
5월	11시 30분~9시 30분	16시 30분~14시 30분	21시 30분~19시 30분
8월	5시 30분~3시 30분	10시 30분~8시 30분	15시 30분~13시 30분
11월	23시 30분~21시 30분	4시 30분~2시 30분	9시 30분~7시 30분

사진 1-10 겨울철 별자리가 이동한 남쪽 하늘. 남쪽 아래 가장 밝은 별이 시리우스다.

▶ 별자리 위치 확인: 80쪽

동

남

서

사진 1-11 겨울철 별자리가 지는 서쪽 하늘. 가장 왼쪽(남쪽)에 있는 밝은 별이 시리우스다.
▶ 별자리 위치 확인: 81쪽

　　겨울철 별자리 중 시리우스 다음으로 밝은 별은 카펠라다. 겨울철 별자리 1등성 중 가장 북쪽에 위치한 카펠라는 18시간이나 하늘에 있고, 가장 남쪽에 있는 시리우스는 대략 10시간 정도 떠 있다. 그래서 시리우스가 남서쪽 지평선 위로 질 때는, 8시간 먼저 뜬 북동쪽의 카펠라보다 낮은 고도에 있다. 이때는 겨울철 별자리의 가장 밝은 두 별이 약 70°쯤 떨어져서 서쪽 지평선 위에서 빛난다. 서쪽을 바라보고 섰을 때 왼쪽(남쪽) 별이 시리우스이고 오른쪽(북쪽) 별이 마차부자리의 카펠라다.

5 | 별자리를 대표하는 밝은 별을 찾아라!

밤하늘에서 어떤 별자리를 확인하기 위해서는 그 별자리의 알파성을 먼저 찾아야 한다. 각각의 별자리에서 가장 밝은 별, 그 별자리를 대표하는 별을 알파성이라 부른다. 안타레스, 레굴루스가 각각 전갈자리와 사자자리의 알파성이다.

알파성을 먼저 찾아 별자리의 대략적인 위치를 확인한 후, 나머지 어두운 별을 찾아 선을 이으면 별자리 모양이 만들어진다. 레굴루스의 위치를 확인하고 나서 그 주위에 흩어진 데네볼라 등의 나머지 별들을 찾아 선을 이으면 사자 모양의 별자리가 만들어진다. 처음부터 사자 모양의 별들을 찾는 것보다 훨씬 쉽다.

별자리 모양을 외워서 별을 찾는다면, 평소에 아무리 별자리를 잘 찾았더라도 오랫동안 하늘을 보지 않는다면 헤맬 수밖에 없다. 별자리가 어디 있는지 알아야 모양을 구분할 텐데, 별의 위치가 변해버렸기 때문이다. 그러니 모양보다 별자리가 있을 대략적인 위치를 알아내는 게 우선이 되어야 한다.

1등성이나 알파성은 쉽게 눈에 띈다. 직녀성(베가)을 찾을 수 없는 사람의 눈에는 백조자리의 1등성 데네브가 보이지 않지만, 직녀성과 견우성(알타이르)을 찾을 수 있게 되면 데네브도 보이기 시작한다. 이름을 아는 별이 하나둘 늘어날 때마다 전에는 인식하지 못했던 또 다른 별이 보인다. 보고 있는 별의 정체가 궁금하다면 별의 밝기나 위치적 특징을 이용해 인터넷이나 성도(별자리 지도)를 찾아보면 된다.

별의 밝기와 상대적 위치를 정확하게 표현해 놓은 성도를 활용하면 1등성뿐만 아니라 2등성이나 3등성까지도 이 별이 어느 별자리에 속한 것인지 보인다. 겨울철 성도를 보면 어떤 별이 기준 별보다 어느 정도 북쪽으로 떨어져 있는지, 동쪽이나 서쪽 방향으로는 몇 도 정도 떨어져 있는지를 확인할 수 있다. 즉 한 계절의 별자리에서 기준이 되는 별을 찾은 후, 같은 계절의 성도와 비교하면 본인이 보고 있는 별이 어떤 별인지 알 수 있다. 성도와 밤하늘을 비교하는 실력이 늘어날수록 2등성이나 3등성도 수월하게 찾을 수 있을 것이다.

봄 사자자리 **레굴루스와** 처녀자리 **스피카 찾기**

사자자리의 레굴루스는 봄철 별자리에서 가장 일찍 뜨는 1등성이다. 사자자리가 봄철 별자리 중에서 홀로 동쪽 지평선 위로 고개를 내밀었을 때는 겨울철 별자리를 기준으로 이 별의 정체를 확인해야 한다. 쌍둥이자리의 폴룩스와 작은개자리의 프로키온이 겨울철 별자리의 동쪽

폴룩스

프로키온

북동   동   남동

사진 1-12   지평선 위로 떠오른 레굴루스. 봄철 별자리의 1등성 중 가장 먼저 떠오른다.

▶ 별자리 위치 확인: 82쪽

북

사진 1-13 봄의 대곡선.
▶ 별자리 위치 확인: 83쪽

◀ 동

서 ▶

남

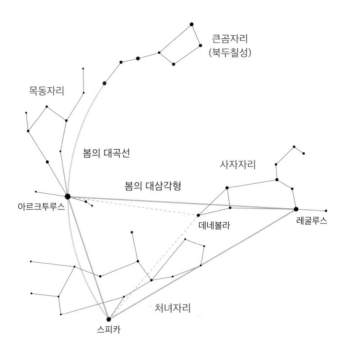

큰곰자리
(북두칠성)

목동자리

봄의 대곡선

사자자리

봄의 대삼각형

아르크투루스

데네볼라

레굴루스

처녀자리

스피카

경계선을 이루는 1등성들인데, 레굴루스는 두 별의 중심에서 동쪽으로 약 35° 떨어진 곳에 있다.

　동쪽 하늘에 봄철 별자리의 모습이 다 드러났을 때 목동자리의 아르크투루스를 찾은 뒤 좀 더 남쪽으로 눈을 돌리면 비슷한 고도에 밝은 별이 하나 더 보이는데 처녀자리의 스피카이다. 아르크투루스와 스피카, 레굴루스를 이어보자. 3개의 1등성은 이등변 삼각형에 가까운 모습을 하고 있다. 이등변 삼각형의 밑변을 차지하면서 남쪽에 위치한 별이 스피카이고 밑변 북쪽에 위치한 별이 아르크투루스이다. 레굴루스는 이등변 삼각형의 두 긴 변이 만나는 곳의 꼭짓점에 위치하고, 항상 서쪽 방향으로 가장 많이 이동한 곳에서 찾을 수 있다.

북두칠성 국자의 손잡이 부분은 곡선이다. 이 곡선을 남쪽으로 연장하면 1등성인 아르크투루스와 스피카를 만난다. 북두칠성부터 스피카까지 이어지는 이 거대한 곡선을 봄의 대곡선이라 부른다. 처녀자리의 알파성 스피카는 봄의 대곡선을 그려 남쪽 끝에서 찾기도 한다.

여름 독수리자리 **견우성(알타이르)과** 백조자리 **데네브 찾기**

한여름 밤 팔을 똑바로 올려 천정 주변에서 직녀성(베가)을 찾았다면, 그 팔에서 남동쪽으로 약 $30°$ 간격이 되게 다른 팔을 뻗어보라. 그러면 그곳에서 밝게 빛나는 견우성(알타이르)을 발견할 수 있다. 직녀성과 견우성 사이에는 밝은 별이 없기 때문에, $30°$가 정확하지 않아도 방향이 약간 틀려도 직녀성 남쪽에서 밝게 빛나는 알타이르를 쉽게 찾을 수 있다.

동쪽 지평선 위로 뜬 직녀성이 $30°$쯤의 고도에 다다르면 그 오른쪽 아래(남동쪽) 지평선에서 견우성이 고개를 내민다. 직녀성이 서쪽 지평선으로 질 때쯤에는 왼쪽(남쪽)으로 $30°$쯤 떨어진 곳에서 견우성을 찾을 수 있다. 즉 견우성은 항상 직녀성보다 남쪽 방향으로 $30°$ 떨어진 곳에 위치한다.

밤하늘에서 직녀성과 견우성을 계속 찾다보면, 두 별 주변에서 밝은 별 하나가 더 보인다. 바로 백조자리의 1등성 데네브로, 베가, 알타이르와 삼각형 모양을 이룬다. 데네브는 여름철 별자리에서 가장 북쪽

직녀성(베가)

북동   동

사진 1-14 여름의 대삼각형. 가장 먼저 뜨고 가장 밝으며 가장 높이 뜨는 별이 직녀성(베가, 위쪽 가운데), 가장 남쪽에 있는 1등성이 견우성(알타이르, 오른쪽 아래), 가장 북쪽에 있고 가장 늦게 떠 서쪽으로 움직이는 1등성이 데네브(왼쪽 가운데)다. ▶ 별자리 위치 확인: 84쪽

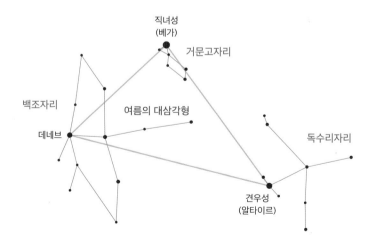

직녀성
(베가)

거문고자리

백조자리

여름의 대삼각형

데네브

독수리자리

견우성
(알타이르)

에 위치하는 1등성으로, 천정에서 북쪽으로 8°쯤 떨어진 곳을 지난다. 여름철 별자리의 1등성 중에서 가장 늦게 지기 때문에, 여름철 별자리들이 대부분 지평선 아래로 지고 나서 서쪽 하늘에서 홀로 외로이 빛나고 있을 때가 있다.

직녀성과 견우성, 데네브를 연결하는 삼각형을 여름의 대삼각형이라고 한다.

여름 전갈자리 **안타레스 찾기**

전갈자리의 알파성 안타레스는 여름철 별자리의 남쪽에서 홀로 외롭게 빛나는 1등성이다. 북동쪽에 직녀성(베가)이 뜨고 1시간 30분쯤 지나면, 전갈의 심장을 대변하듯 붉게 빛나는 안타레스가 남동쪽 지평선 위로 고개를 내민다. 직녀성에서 남쪽으로 70°쯤 떨어져 있다.

여름철 별자리가 다 뜨고 직녀성이 천정 근처를 향해 고도를 높여 갈 때쯤이면 안타레스는 이미 정남쪽 하늘을 지나고 있다. 이때는 여름철 별자리에서 가장 남쪽에 위치하고 서쪽 하늘에 가장 가까이 접근한 1등성을 찾으면 된다.

안타레스가 정남쪽을 지나며 가장 높아졌을 때의 고도(남중고도)는 약 26°이다. 전갈자리를 구성하는 대부분의 별들은 안타레스보다 더 남쪽에 위치하기 때문에, 안타레스보다 늦게 뜨고 빨리 진다. 따라서 전갈자리를 상징하는 J자를 제대로 감상하려면 안타레스가 정남쪽 하늘 근처에 위치할 때 관측해야 한다. 이 시간이 아니면 전갈자리의 전

직녀성(베가)

아르크투루스

◄ 동

서 ►

남

사진 1-15 여름철 별자리들. 헤르쿨레스자리는 직녀성(베가)과 아르크투루스 사이에 있고. 안타레스는 가장 남쪽에 위치한다. ▶ 별자리 위치 확인: 85쪽

체적인 모습을 보기 힘들다.

　안타레스는 직녀성보다 늦게 떴지만 여름철 별자리에서 가장 먼저 지평선 아래로 사라진다. 서쪽 하늘에서도 직녀성을 찾은 후, 남쪽으로 70°쯤 시선을 돌리면 안타레스를 만날 수 있다.

헤르쿨레스자리 찾기

헤라클레스는 그리스로마 신화에서 가장 위대한 영웅이다. 별자리 책들에서도 헤르쿨레스자리를 중요한 별자리로 다루며 화려하고 커다란 모습으로 묘사한다. 헤르쿨레스자리는 밤하늘의 넓은 영역을 차지하고 있으며, 우리나라에서 볼 수 있는 가장 큰 구상성단(M13)을 거느리고 있기도 하다.

　그런데 헤르쿨레스자리를 찾기는 결코 쉽지 않다. 보통 헤르쿨레스자리를 찾기 위해 찌그러진 H자 모양의 별들을 먼저 찾으라고 설명하지만, H를 이루는 별들은 모두 어두워 어디쯤 위치하는지 모르면 보이지 않는다. 별자리를 찾기 위해 가장 좋은 방법은 알파성을 찾는 것이겠지만, 헤르쿨레스자리의 알파성인 라스알게티는 H자와 멀리 떨어져서 오히려 뱀주인자리 근처에 있다. 그러면 드넓은 밤하늘의 어디에서 어떻게 찌그러진 H자 모양을 찾을 수 있을까?

　밤하늘에서 어두운 별들로 구성된 별자리 모양을 찾기 위해서는, 이 별들이 어디쯤에 있는지를 알아야 한다. 거문고자리의 직녀성(베가)과 목동자리의 아르크투루스 사이에 헤르쿨레스자리가 있다. 이 사실을 알면 직녀성과 아르크투루스를 찾은 후 찌그러진 H자 모양을 발견할 수 있다.

즉 1등성이 없는 어두운 별자리는 근처에 있는 밝은 별을 먼저 찾고, 그 별자리를 찾아간다. 모양만으로는 넓은 밤하늘에서 어두운 별자리를 쉽게 찾을 수 없다. 겨울철 별자리인 토끼자리를 찾기 위해서는 오리온자리 바로 아래 있다는 사실을 알아야 한다.

안드로메다자리 **알페라츠 찾기**

안드로메다자리의 알파성인 알페라츠는 페가수스자리를 상징하는 사각형의 북동쪽 꼭짓점을 차지하는 별이기도 하다. 알페라츠는 2등성이지만 가을철 별자리를 찾는 데 가장 중요한 기준 별이다. 가을철 별자리의 중심부에는 1등성이 없고, 유일한 1등성인 포말하우트는 남쪽 하늘에 치우쳐 있기 때문이다.

알페라츠는 정동 쪽에서 북쪽으로 약 30° 떨어진 곳에 뜨며 하늘 높이 올랐을 때 천정에서 8°밖에 떨어져 있지 않기 때문에 머리 바로 위에서 쉽게 찾을 수 있다. 백조자리의 데네브로부터 45°가량 동쪽으로 시선을 돌리면 보이는 2등성이 알페라츠이기도 하다.

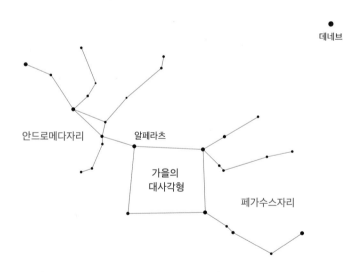

데네브

동

서

남

사진 1-16 백조자리의 데네브에서 45°쯤 떨어진 동쪽에 페가수스자리의 사각형이 있다.

▶ 별자리 위치 확인: 86쪽

마차부자리 **카펠라**와 황소자리 **알데바란** 찾기

페가수스자리, 안드로메다자리, 고래자리 등 1등성이 없는 가을철 별자리가 남쪽 하늘로 이동하기 시작한다. 그런데 이때 북동쪽 지평선 위 높은 곳에 밝은 별 하나가 불쑥 떠올라 있다. 겨울의 전령사로 불리며 겨울철 별자리에서 가장 일찍 뜨는 1등성 카펠라이다. 카펠라는 겨울철 별자리에서는 시리우스 다음으로 밝고, 밤하늘 전체에서도 네 번째로 밝은 별이기 때문에, 동쪽 하늘에 나타나는 순간부터 쉽게 이 별을 발견할 수 있다.

카펠라의 고도가 30°쯤으로 높아질 무렵 동쪽 지평선 위로 또 다른 1등성이 떠오른다. 황소자리의 알파성 알데바란으로, 카펠라와의 거리는 대략 30°쯤이고 카펠라보다 남쪽에 있다. 카펠라와 알데바란이 동쪽 하늘에 보일 때는, 여름철 별자리의 직녀성(베가)과 견우성(알타이르)이 뜰 때와 밝기와 위치가 유사하다.

겨울철 별자리에 포진한 7개의 1등성 모두가 남쪽 하늘로 이동했을 때, 카펠라는 천정에서 북쪽으로 8°쯤 떨어진 곳을 지난다. 우리나라에서 보이는 1등성 중 천정보다 북쪽을 지나는 별은 카펠라와 백조자리의 데네브뿐이다. 카펠라는 북극성에서 45°밖에 떨어져 있지 않아 아주 오래 하늘에서 머무른다. 카펠라는 겨울철 별자리가 모두 지평선 아래로 질 때까지, 폴룩스와 함께 북서쪽 하늘을 끝까지 밝히고 있다.

◀ 서   동 ▶

북

사진 1-17 북쪽 하늘의 카펠라와 알데바란. 왼쪽 위 구역에서 제일 밝은 별이 카펠라이고 모퉁이의 밝고 노란 별이 알데바란이다. ▶ 별자리 위치 확인: 87쪽

작은개자리 **프로키온,**
오리온자리 **베텔게우스와 리겔 찾기**

겨울철 별자리에서 가장 밝은 별인 시리우스를 찾은 후 주변 하늘을 살펴보면, 시리우스와 정삼각형을 이루는 밝은 별이 2개 있다. 바로 작은개자리의 프로키온과 오리온자리의 베텔게우스다. 이 세 별이 이루는 삼각형이 겨울의 대삼각형이다. 겨울철 별자리가 남쪽 하늘로 이동했을 때 세 1등성은 역삼각형으로 배열되어 있다. 남쪽 하늘을 보고 섰

사진 1-18 겨울의 대삼각형. 남쪽의 시리우스(아래), 동쪽 프로키온(왼쪽 위), 서쪽 베텔게우스(오른쪽 위). ▶ 별자리 위치 확인: 88쪽

을 때 역삼각형 윗변의 왼쪽(동쪽)에 있는 별이 프로키온이고 우측(서쪽)에 있는 별이 베텔게우스, 아래에 있는 별이 시리우스이다.

작은개자리는 1등성을 품은 별자리 중 가장 작고 특별한 모양이 없기 때문에, 프로키온 홀로 우주에 떠 있는 느낌으로 다가온다. 반면 오리온자리에는 베텔게우스 말고도 리겔이라는 1등성이 하나 더 있고, 이 2개의 1등성 사이에서 삼태성이라는 이름을 가진 별 3개가 나란히 빛나고 있다. 방패연 모양의 오리온자리는 밤하늘에서 가장 웅장하고 화려해서 일반인에게도 친숙하다.

사진 1-19 시리우스(왼쪽 아래), 베텔게우스(오른쪽 위), 리겔(오른쪽 아래)은 이등변 삼각형을 이룬다. ▶ 별자리 위치 확인: 88쪽

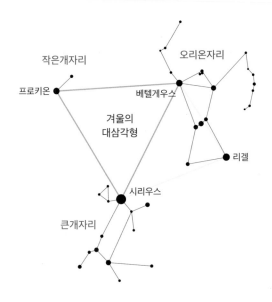

시리우스, 베텔게우스, 리겔도 이으면 거대한 삼각형 모양이라서, 겨울의 대삼각형과 헷갈릴 수 있다. 리겔은 프로키온보다 13° 정도 남쪽으로, 시리우스보다 20° 이상 서쪽으로 치우쳐 있다는 사실을 알면 리겔의 정체를 좀 더 확실하게 알 수 있다. 외로운 프로키온과 달리 리겔 주변에 많은 별들이 있다는 특징도 있다.

겨울 쌍둥이자리 **폴룩스와 카스토르 찾기**

쌍둥이자리의 베타성 폴룩스는 카펠라와 프로키온을 이은 선의 중앙에서 동쪽 방향으로 15°쯤 떨어진 곳에 위치하는 1등성이다. 겨울철 별자리 중 가장 동쪽에 있고, 서쪽 하늘에 가장 늦게까지 남아 있는 1

카펠라

프로키온

사진 1-20　쌍둥이자리. 중앙의 밝은 두 별이 카스토르(위)와 폴룩스(아래)다.
▶ 별자리 위치 확인: 89쪽

등성이라는 사실을 통해 폴룩스의 정체를 확인하기도 한다.

　폴룩스에서 북서쪽으로 5°쯤 떨어진 곳에 쌍둥이자리의 알파성 카
스토르가 있다. 카스토르는 2등성으로, 1등성이 있는 별자리에서 알파
성으로 명명된 유일한 별이다. 6개의 별이 모인 쌍성계이지만 맨눈으
로는 하나의 별로 보이기 때문에, 1.6등성 정도의 밝기를 유지한다.

북쪽 작은곰자리 **북극성 찾기**

작은곰자리의 알파성을 북극성(폴라리스)이라 부른다. 천구의 북극 근처에 자리 잡고 있는 별 중 가장 밝기 때문이다. 그렇지만 북극성은 직녀성(베가)보다 6배 정도 어둡고, 밤하늘 전체에서는 밝기로 50번째쯤 된다. 즉 계절을 대표하는 밝은 별들과 비교했을 때 북극성은 그리 밝지 않고, 오히려 어두운 편이다. 밝기만으로 북극성을 찾아 특정 짓기는 어렵다. 그렇기 때문에 보통 북극성을 찾기 위해서 북두칠성과 카시오페이아자리를 먼저 찾는다.

북두칠성과 카시오페이아자리는 북쪽 하늘에 있기 때문에 오랜 시간 하늘에 떠 있다. 뿐만 아니라 두 별자리는 북극성을 사이에 두고 서로 반대편에 위치하기 때문에, 둘 중 하나는 반드시 하늘에 있다. 둘이 동시에 떠 있는 경우도 자주 있다. 북두칠성과 카시오페이아자리가 어두워서 찾기 힘들 때는, 같은 계절의 별자리 중 밝은 별자리를 먼저 찾은 후 상대적 위치를 이용하면 찾을 수 있다.

북두칠성을 품은 큰곰자리는 봄철 별자리에 속하기 때문에 봄철 별자리와 함께 움직인다. 봄철 별자리 아르크투루스에서 북쪽 방향으로 30°쯤 떨어진 곳에 북두칠성이 있다. 북두칠성 국자 끝의 두 별을 이어서 만든 선분을 5배 정도 연장한 위치에 밝은 북극성이 있다.

카시오페이아자리는 가을철의 대표 별자리인 페가수스자리에서 북쪽으로 30°쯤 떨어진 곳에 위치한다. 여름철 별자리를 이용한다면 먼저 백조자리의 꼬리에 있는 데네브를 찾자. 백조의 머리에 해당하는 알비레오는 직녀성(베가)과 견우성(알타이르) 사이에 있다. 알비레오에

사진 1-21 북극성과 북두칠성, 카시오페이아자리. ▶ 별자리 위치 확인: 90쪽

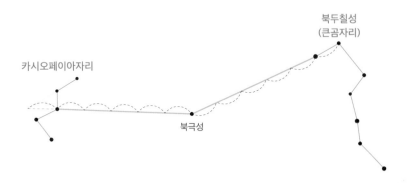

서 데네브까지 선을 긋고, 이 선을 북쪽으로 1.5배쯤 연장하면 그곳에 W자 모양의 카시오페이아자리가 자리 잡고 있다. W자 양 끝의 두 선을 늘리면 한 점에서 만나는데, 이 점과 W자 중앙에 있는 별을 잇고 나서, 이 선을 5배 정도 연장했을 때 보이는 밝은 별이 북극성이다.

겨울철의 대표적인 1등성을 이용해 북극성을 찾을 수도 있다. 오리온자리의 리겔과 마차부자리의 카펠라를 이은 선을 따라 북쪽으로 45°쯤 이동했을 때 나타나는 밝은 별이 북극성이다.

6 | 별의 남중고도를 활용하라!

지구 자전의 영향으로 밤하늘이 회전하기 때문에, 별은 관측 시각에 따라 고도가 변한다. 별은 동쪽에서 뜬 뒤로는 고도가 점점 높아지고, 정남쪽을 지날 때 가장 높이 있다가 서쪽 하늘로 이동하면서 다시 고도가 낮아진다. 어떤 별이 정남쪽 하늘을 지날 때의 고도를 남중고도라 부른다. 정남쪽이라고 말하기는 했지만 정확히는 남점과 천정, 그리고 북점을 잇는 자오선을 지날 때를 의미한다.

별의 남중고도는 관측자가 위치한 위도에 따라 달라지는데, 동일한 장소에서 측정한 별의 남중고도는 별에 따라 언제나 동일하다. 위도가 37.5°인 서울에서 1등성들을 관측한다면, 시리우스의 남중고도는 약 36°이고 아르크투루스의 남중고도는 약 72°이다. 별의 남중고도는 계절에 상관없이 일정하므로 시리우스와 아르크투루스가 남쪽 하늘을 지날 때 대략적인 남중고도를 측정해 이 별의 정체를 확인할 수 있다.

남중고도의 개념

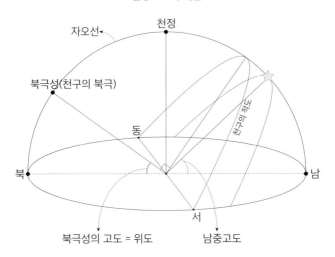

천정
자오선
북극성(천구의 북극)
동
북
남
서
북극성의 고도 = 위도
남중고도
천구의 적도

별의 남중고도는 관측자의 위도와 별의 적위*를 알면 쉽게 구할 수 있고, 이름이 있는 별의 적위값은 검색을 통해 쉽게 찾을 수 있다. 하늘이 부분적으로 구름이나 안개에 가려서 밝기만으로 기준이 되는 1등성을 찾기 어려울 때, 남중고도를 잘 활용하면 이 별이 어떤 별인지 확인할 수 있다.

적위를 이용해 남중고도를 알아내는 공식은 다음과 같다.

별의 남중고도 = 90°- 관측자의 위도(φ) + 별의 적위(δ)

---

* 천체의 위치를 표시하는 적도좌표계값 중 하나. 지구에서의 위치를 특정할 때 위도와 경도를 사용하듯, 천구에서 별의 위치를 특정할 때 적위와 적경을 사용한다. 적위는 위도와 비슷한 개념이고 적경은 경도와 비슷한 개념이다. 천구의 적도를 기준으로 ±90°로 나타내며 적위가 클수록 북쪽에 있다. 북극의 적위는 +90°로 북극성은 +89°이다. 적위가 38.8°인 직녀성(베가)은 적위가 8.8°인 견우성(알타이르)보다 북쪽으로 30° 떨어진 곳을 지나간다.

사진 1-22　서울에서 안타레스의 남중고도는 26°. 서울보다 위도가 4°쯤 낮은 제주도에서는 30°가 된다.

1등성의 적위값과 밝기

별 이름	소속 별자리	밝기(등급)	적위(°)	서울에서의 남중고도(°)*
레굴루스	사자자리 - 봄	1.35	12	65
스피카	처녀자리 - 봄	0.98	-11.1	41
아르크투루스	목동자리 - 봄	-0.04	19.2	72
안타레스	전갈자리 - 여름	0.96	-26.4	26
직녀성(베가)	거문고자리 - 여름	0.03	38.8	91(89)
견우성(알디이르)	독수리지리 - 여름	0.77	8.8	61.3
데네브	백조자리 - 여름	1.25	45.3	98(82)
포말하우트	남쪽물고기자리 - 가을	1.16	-29.6	23
알데바란	황소자리 - 겨울	0.85	16.5	69
카펠라	마차부자리 - 겨울	0.08	46	99(81)
리겔	오리온자리 - 겨울	0.12	-5.2	47
베텔게우스	오리온자리 - 겨울	0.5	7.4	60
시리우스	큰개자리 - 겨울	-1.46	-16.7	36
프로키온	작은개자리 - 겨울	0.38	5.2	58
폴룩스	쌍둥이자리 - 겨울	1.14	28	81

* 붉은색으로 표시한 각도는 별이 남중했을 때 북쪽 지평선으로부터 측정한 별의 고도이다. 이 별들은 천정보다 북쪽 방향에서 관측된다.

별자리 위치 확인하기

사진 1-7   42쪽

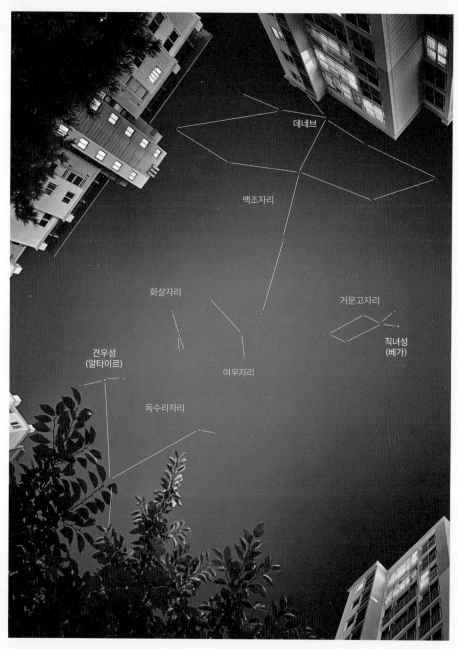

데네브

백조자리

화살자리

거문고자리

견우성
(알타이르)

여우자리

직녀성
(베가)

독수리자리

사진 1-8 45쪽

78

사진 1-9 47쪽

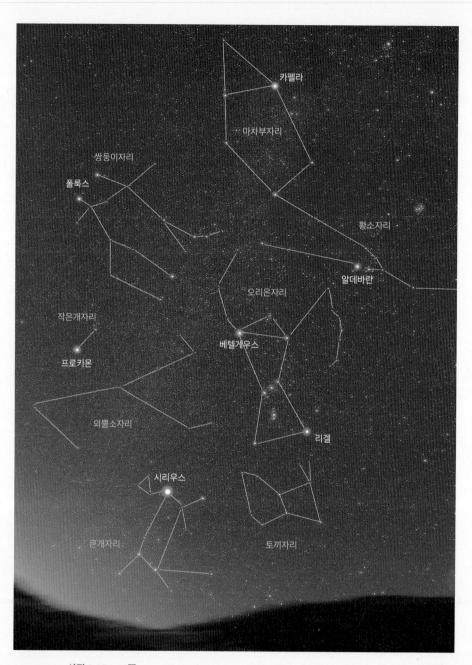

사진 1-10 · 49쪽

사진 1-11 50쪽

작은개자리
쌍둥이자리
폴룩스
프로키온
큰곰자리
게자리
작은사자리
레굴루스
사자리

사진 1-12 53쪽

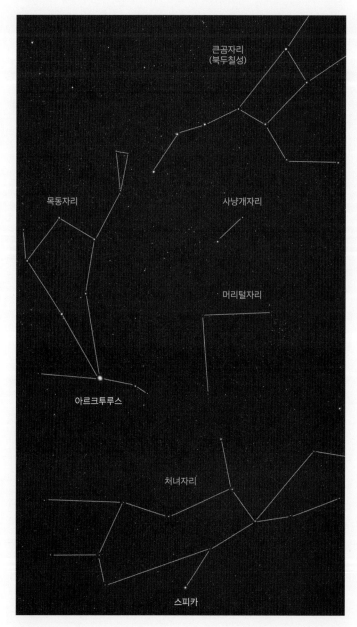

큰곰자리
(북두칠성)

목동자리

사냥개자리

머리털자리

아르크투루스

처녀자리

스피카

사진 1-13 54쪽

사진 1-14 57쪽

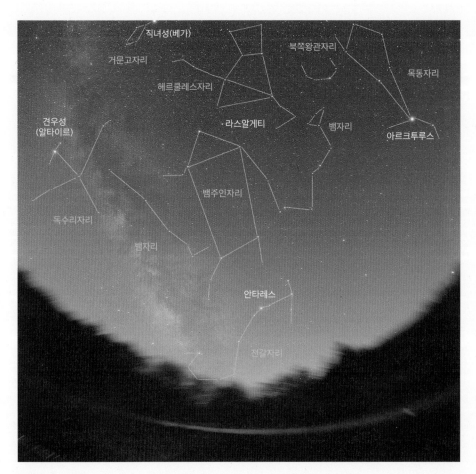

직녀성(베가)

거문고자리

북쪽왕관자리

목동자리

헤르쿨레스자리

견우성
(알타이르)

라스알게티

뱀자리

아르크투루스

뱀주인자리

독수리자리

뱀자리

안타레스

전갈자리

사진 1-15 59쪽

사진 1-16　63쪽

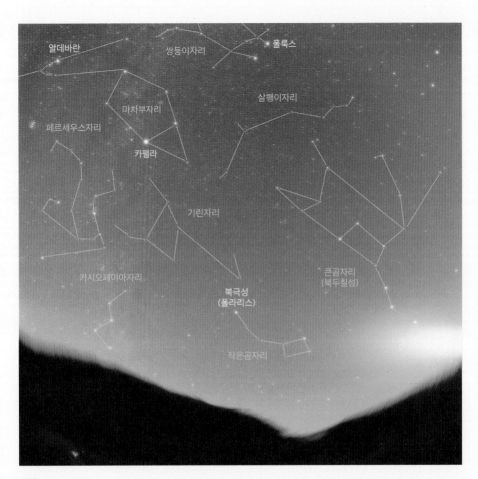

알데바란
쌍둥이자리
폴룩스

살쾡이자리

마차부자리

페르세우스자리

카펠라

기린자리

카시오페이아자리

큰곰자리
(북두칠성)

북극성
(폴라리스)

작은곰자리

사진 1-17　65쪽

사진 1-18 66쪽

사진 1-19 67쪽

사진 1-20 69쪽

카시오페이아자리

큰곰자리
(북두칠성)

북극성
(폴라리스)

작은곰자리

사진 1-21   71쪽

2부

하늘을 보러 떠나다

천체관측 장소와 준비물

1 │ 왜 우리 집에서는 별이 잘 안 보일까?

새벽녘 동쪽 지평선 부근이 밝아지면서 밝은 별이 하나둘 사라진다. 아침이 되면 서쪽 하늘의 별마저 보이지 않게 된다. 낮에는 아무리 밝은 별이라도 맨눈으로는 볼 수 없다. 낮이라고 별이 빛을 잃은 것은 아니다. 별은 항상 빛나고 있지만 낮에는 하늘이 밝아지기 때문에 보이지 않을 뿐이다.

밝은 빛은 밤에도 별 보기에 치명적이다. 주위가 캄캄할수록 희미한 별까지 보이고 별의 고유한 색깔이 선명해져 다양한 별빛으로 가득찬 밤하늘을 감상할 수 있다. 그런데 문명 발달로 밤하늘이 밝아졌다. 가로등과 같은 도심의 인공 불빛이 하늘을 향해 퍼져나가다가, 공기 중 여러 분자와 먼지에 부딪혀 반사되고 산란되어 밤하늘을 밝게 만든다. 인공 불빛이 많을수록, 공기 밀도가 높을수록, 미세 먼지가 많을수록 밤하늘은 더 밝아진다. 이렇게 밝아진 도심의 밤하늘에서는 별이 잘 보이지 않는다. 빛이 공해가 된다. 그러니 주위에 빛이 없는 곳을 찾

사진 2-1 도심의 불빛이 하늘을 밝혀 밤에도 구름이 하얗게 보인다. 밝은 목성과 토성만 보인다.

아야 한다.

별을 관측하려면 주위에 시야를 가리는 구조물도 없는 편이 좋다. 광해가 적은 어두운 곳이라도 산골짜기처럼 시야가 좁다면 원하는 하늘을 볼 수 없다. 고층 아파트로 둘러싸인 좁은 공간에서 하늘을 보기 어려운 것처럼, 주위가 산등성이나 높은 언덕으로 가려져 있다면 하늘을 자유롭게 관측하기가 어렵다. 주위가 탁 트여 있어야 넓은 하늘에서 더 많은 별을 볼 수 있다.

별 관찰은 고도와 대기에도 영향을 받는다. 고도가 높아질수록 대

사진 2-2　한국 최초의 국립 천문대 소백산 관측소가 있는 소백산 제2연화봉 정상.

기의 영향을 덜 받고, 별 보기도 좋아진다. 강렬한 태양 빛은 두꺼운 하늘을 통과할수록 화려해지니 지평선 근처의 일출과 일몰은 아름답다. 그러나 태양 빛보다 약한 별빛은 쉽게 손실된다. 별빛은 통과하는 하늘이 얇을수록 밝게 빛난다. 공기 밀도는 고도가 낮을수록 높고, 고도가 높을수록 낮다. 히말라야산맥을 등반할 때 숨쉬기가 불편한 것도 산소 밀도가 낮기 때문이다. 높은 곳일수록 숨쉬기는 힘들지만, 대기의 영향을 덜 받으므로 별 보기에는 더 좋다. 하와이의 마우나케아산 정상(해발고도 4,207m)과 칠레 아타카마 지역(해발고도 2,400m)에 세계의 유명한 천문대들이 위치한 것도 해발고도가 높고 맑은 날이 많기 때문이다.

밤하늘을 제대로 관측하기 위해서는 다음 조건을 갖춘 곳을 찾아야 한다. 광해와 매연이 없고, 하늘을 가리는 장애물이 없어 시야가 탁 트여야 한다. 도심에서 200km 이상 떨어져 있고, 해발고도가 1,000m 이상 되는 곳이 최적이다. 인구 10만 이상의 도심으로부터도 최소한 20km 정도는 멀어져야 캄캄한 밤하늘을 만날 수 있다.

2 | 밤, 별을 보기 위한 장소

광해가 적고, 하늘이 넓고, 대기의 영향을 덜 받는다는 조건을 충족하는 지역은 얼마든지 있을 것이다. 그러나 우리나라에서는 이 조건을 충족하는 장소를 찾기 어렵다. 앞에서 도심에서 200km 떨어져 있고 해발고도가 1,000m 이상 되는 곳이 좋다고 했지만, 도심에서 200km 떨어지기는 한국에서 불가능에 가깝다. 서울에서 200km 떨어져도 대전이나 강릉과 같은 다른 도심에서 나오는 인공 불빛의 영향을 받을 수밖에 없다.

관측 조건이 좋다고 해서 다 갈 수 있는 것도 아니다. 천체망원경과 촬영 장비를 챙길 생각이라면 접근성과 야영 조건까지 고려해야 한다. 높은 지역이되 좀 더 편하게 접근할 수 있는 장소가 필요하다.

별빛 가득한 밤하늘을 만나기 위해서는 어디에 가는 게 좋을까? 아마추어 천문인들이 자주 찾는 관측 명소들이 있다.

사진 2-3

경기도 가평
화악터널 쌈지공원

서울
마포구 상암동
노을공원

경기도 양평
금왕리 벗고개

강원도 평창
청옥산 육백마지기

전라북도 무주
적상산 정상 주차장

경상남도 밀양
가지산 삼양교 주차장

전라남도 영광
내산서원

강원도 **평창 청옥산 육백마지기**

롯데월드타워의 전망대는 해발고도 500m로 서울에서 경치를 구경할 수 있는 가장 높은 곳이다. 평지에서는 눈에 담을 수 있는 지평선까지의 거리가 5km 정도인데, 500m 높이의 전망대에서는 약 80km까지 보인다.

주소 강원도 평창군 미탄면 청옥산길 583-76

찾아가는 길 평창의 미탄중학교 왼쪽으로 청옥산을 오르는 찻길이 있다. 꼬불꼬불 산길을 오르다 보면 풍력발전기가 보인다.

지구가 둥글기 때문에 높이 올라갈수록 멀리까지 보이는 것이다. 날씨가 맑은 날에 전망대에 서면 사방으로 트인 서울 풍경은 물론, 인천 앞바다의 수평선까지 보인다.

높은 산에 오르면 전망대에 오른 것과 같은 시야를 얻을 수 있다. 힘들게 땀 흘려 산에 오르면 정상을 정복했다는 뿌듯함과 함께 광활한 전망이 찾아온다. 또한 낮은 공기 밀도로 낮에는 눈이 부시도록 청명한 푸른 하늘을, 밤에는 별빛으로 가득한 밤하늘을 만날 수 있다. 다만 천체망원경이나 카메라를 들고는 산을 오르기 어렵고, 산 정상은 기온도 낮기에 밤을 지새우는 데도 한계가 있다. 이런 점들을 고려하면 별을 보겠다고 무작정 아무 산에나 갈 수는 없다.

그런데 초보자도 최고의 관측 조건에서 별을 볼 수 있는 산이 있다. 바로 강원도 평창군 미탄면에 위치한 청옥산 육백마지기이다. 육백마지기는 해발고도 1,256m 청옥산 정상에 위치한다. 능선이 비교적 완만한 그곳에는 풍력발전기들이 우뚝 서 있고, 광활한 고랭지 채소밭이 펼쳐져 있다. 면적이 볍씨 600말을 뿌릴 수 있을 만큼 넓다 해서 '육백

사진 2-4 사람들이 육백마지기 정상에서 니오와이즈 혜성을 기다리고 있다.

마지기'라고 불린다고 한다.

그러나 육백마지기라는 이름에는 또 다른 유래가 있다. 옛날에 청옥산에서 하늘을 관찰했다는 기록이 남아 있다. 금성의 옛 이름 중 하나가 '육백'인데, '육백을 맞이하는 곳'이 변형되어 '육백마지기'가 되었다는 것이다. 육백마지기 남동쪽에는 '별을 맞는 고개'라는 뜻의 성마령이 있어 이 유래에 힘을 더한다.

청옥산은 거대 도심인 서울에서 120km 이상 떨어져 있다. 동쪽의 강릉과 동해에서 50km, 서쪽의 원주에서 50km, 남쪽의 태백과 제천으로부터 40km 이상 간격을 두고 있다. 게다가 풍력발전기를 설치하기 위해 넓은 도로를 닦았다. 정상까지 자동차로 쉽게 오를 수 있어 걸어가지 않아도 된다. 천체망원경과 카메라도 차에 실어 간다면 쉽게 옮길 수 있고, 풍력발전기 주변의 공터가 넓어서 주차 걱정도 덜 수 있다.

육백마지기의 시야는 남서쪽으로 탁 트여 있다. 청옥산의 풍력발전기는 남북 방향으로 약 3km에 걸쳐서 200~350m 간격으로 15기가 설치되어 있다. 위치에 따라 발전기의 거대한 풍차가 시야를 가리기도 하지만 간격이 넓어 장소만 잘 선택하면 북동쪽 하늘이 트인 곳, 일몰을 보기 좋은 곳, 일출을 볼 수 있는 곳에 자리를 잡을 수도 있다. 일몰을 감상한 뒤에 별을 보고 몇백 미터 이동해 일출까지 감상하는 일정이 가능한 셈이다. 운이 좋다면 산 아래 깔린 운해 위로 떠오르는 태양을 볼지도 모른다.

별 관측 명소로 알려지면서 최근 많은 사람들이 이곳을 찾았다. 방문객이 늘어남에 따라 자연환경이 훼손되자 현재는 야영과 취사가 금지되었다. 그렇지만 텐트를 치거나 취사를 하지 않는 조건으로, 차에서 머무르는 일명 '차박'은 가능하다. 육백마지기에 오르기 전에 미리 음식을 준비해 둔다면 큰 문제없이 차박을 하며 하늘을 볼 수 있다. 취사를 꼭 해야 하는 사람들은 육백마지기 아래쪽에 있는 "산너미 목장"에 베이스캠프를 차려 식사를 해결한 뒤 육백마지기로 향하기도 한다.

주의할 점은 잘 알려진 장소답게 차들이 수시로 오가며 찾는 사람들이 꽤 있다는 것이다. 차량 불빛과 머무르는 사람들의 인공 불빛은 천체 관측과 촬영에 방해가 된다. 관측할 대상에 따라 적절한 관측 장소를 찾는 게 필요하다. 일반 여행자들이 많이 모이는 곳을 피하는 편이 좋고, 풍차가 관측 방향을 가리지 않는지도 고려해야 한다.

광해가 적고 하늘이 넓으면서 대기의 영향을 덜 받는 육백마지기는 쉽게 접근할 수 있는 최적의 관측 장소라 할 수 있겠다.

서울 마포구 상암동 노을공원

빛과 매연이 가득한 도심은 별 보기에 적합하지 않다. 그렇다고 별을 보기 위해 매번 여행을 가는 것도 바쁜 현대인들에게는 쉽지 않다. 별 관측에 좋은 조건을 완벽하게 충족하지는 못하더라도, 어느 정도 타협해서 접근성 좋은 도심에 자주 가는 관측 장소를 정해보는 것도 좋겠다.

주소 서울 마포구 하늘공원로 108-2
찾아가는 길 노을공원 주차장 정류장에서 맹꽁이전기차(노을주차장↔노을캠핑장)를 타면 노을별누리까지 갈 수 있다. 도보로는 10분 정도 걸린다. 6호선 월드컵경기장역에서 갈 경우 난지주차장에서 맹꽁이전기차(난지주차장↔노을공원)를 탈 수 있다. 노을별누리(안내소)에서 하차한다. 도보로는 30분 정도 걸린다.

서울에서는 노을공원이 별 관측에 적합하다. 서울에서 반짝반짝 하늘을 수놓은 예쁜 별을 보고 싶다면 도심 속의 녹색 정원, 서쪽 하늘이 트여 있어서 저녁노을이 잘 보이는 노을공원을 방문하면 된다.

노을공원은 90년대까지 난지도라는 이름의 쓰레기 매립장이었다. 그 이후 환경재생사업을 통해 자연 식생지와, 운동 시설, 산책로 등을 갖춘 공간으로 재탄생했다. 공원 안의 전망대는 가양대교와 양화대교 주변의 모습과 올림픽대로, 난지한강공원의 캠프장이 어우러진 풍경을 사계절 내내 감상할 수 있는 명소가 되었다. 공원을 오가는 전기 셔틀차가 있어, 입구에서 전망대까지 올라가기도 편하다.

노을공원에는 시민의 제안으로 노을별누리라는 천문 체험 공간이 조성되었다. 누구나 자유롭게 관람할 수 있고, 천문 관련 도서 200여 권이 비치되어 별에 관심이 있다면 꼭 들러보자. 굴절망원경을 비롯해 반사망원경, 쌍안경 등의 관측 장비도 갖추어져 있다. 노을별누리

사진 2-5 노을공원의 남쪽 하늘, 목성과 토성이 각각 전갈자리와 궁수자리에서 빛나고 있다.

에서는 시민을 대상으로 다양한 계절 별자리 관측 같은 천문 프로그램도 운영한다. 프로그램별 상세 내용 확인과 참가 신청은 서울의 공원 홈페이지(parks.seoul.go.kr)와 서울시 공공서비스 예약 홈페이지(yeyak.seoul.go.kr)에서 할 수 있다. 구체적인 사항이 궁금하다면 서부공원녹지사업소 공원여가과(02-300-5574)로 문의하면 된다.

　노을공원에는 캠핑장도 마련되어 있다. 노을별누리 프로그램에 참여하지 않더라도, 가족과 함께 하룻밤 노을공원에 머무르며 밤하늘을 자유로이 바라보고 별과 함께하는 추억을 만들어보는 것도 좋다.

전라남도 **영광 내산서원**

전라남도 기념물 제28호인 내산서원은 조선 시대 중기의 학자이자 의병장인 강항(1567~1618)을 추모하기 위해 세워졌다. 서원은 낮은 야산에 남향으로 자리 잡고 있다. 외삼문과 용계사(사당)를 중심으로 외삼문, 내산서원, 내삼문, 사당이 순서대로 배치되어 있다. 주변의 산기슭에는 강씨 문중의 무덤이 여러 개 있으며,

주소 전라남도 영광군 불갑면 강항로 101

찾아가는 길 광주에서 서쪽으로 대략 30km 떨어진 곳에 있다. 22번 국도를 타고 삼학리에서 불갑사로에 들어서 목포 방향으로 진행하거나, 23번 국도에서 불갑초등학교를 끼고 강항로에 들어서 가다 보면 '내산서원'이라는 표지판이 보인다.

서원 뒤쪽으로 돌아 산을 올라가면 강항과 두 아내의 무덤이 있다. 내산서원 장서각에는 『강감회요』 목판과 『수은집』, 『운제록』, 『문선주』, 『건거록』 필사본 등이 보관되어 있다.

내산서원은 광주와 30km 정도 떨어져 있어 광주 도심의 불빛을 피할 수 있다. 광주에서 자동차로 1시간 내외의 거리에 있어 전라 지역민들이 즐겨 찾는 관측지이다. 서원 입구의 널찍한 아스팔트 주차장에 차를 세우고, 강항 선생 동상을 지나 서원 앞 공터까지 들어가면 가로등 없이 깜깜한 밤하늘을 즐길 수 있다. 낮에는 서원을 찾는 시민들이 가끔 있지만 해가 지고 어두운 밤이 되면 한적해진다.

가까운 곳에 불갑저수지가 있어 습도가 높고 일교차가 큰 날에 밤안개가 낀다. 이 점은 아쉽긴 하지만, 광주에서 접근하기 어렵지 않은 안전한 관측지다.

사진 2-6 충의문 앞에서 바라본 북극성 주변 별들의 일주 운동.

경기도 가평 화악터널 쌈지공원

해발고도 1,468m의 화악산은 경기
도에서는 가장 높은 산으로, 금강산
에서 서울까지 이어지는 광주산맥에
속해 있다. 송악산, 관악산, 운악산,
감악산과 함께 경기 5악 중 하나로
꼽히기도 한다. 화악산의 동쪽에 매
봉, 서쪽에 중봉이 있고, 흘러 내려온

주소 경기도 가평군 북면 화악리
산228-1
찾아가는 길 경기도 양평군에서
강원도 화천군까지 이어지는 경기
도 391번 지방도에 화악터널이 있
다. 화악터널 남단 입구에 쌈지공원
이 자리 잡고 있는데, 중앙 분리대가
없어 북쪽에서 터널을 나와도 공원
에 진입할 수 있다.

개울이 화악천을 이루어 봉우리들 사이에 계곡을 조성한다. 화악터널
이 있는 391번 도로는 바로 이 화악천을 따라가다 산을 통과한다.

가평에서 북쪽으로 10여 분 달리면 가평군 북면의 목동에 다다른
다. 목동까지는 도로도 넓고 관광객들을 위한 음식점도 자주 보이지만
목동삼거리에서 화악산로에 들어서면 풍경이 달라진다. 길을 계속 따
라가다 보면 깊은 산속으로 들어가는 소로가 나온다. 토종벌 보호 구
역과 간간이 자리 잡은 펜션들을 지나친다. 펜션 간판에 별천지라고
적힌 걸 보니 별이 많이 보이는 곳이라고 짐작된다. 꼬불꼬불 산길을
오르다보면 귀가 먹먹해진다. 화악산 고갯길을 오른 것이다. 정상 부
근에 남북을 가로지르는 화악터널이 있다.

화악터널의 남쪽 입구 옆에 쌈지공원이 자리 잡고 있다. 공원 주차
장에는 화악산 등산로 안내 표지판과 함께 간이 화장실도 설치되어 있
다. 주차장에서 터널 쪽으로 조금 올라가면 국토교통부에서 2013년에
설치한 통합 기준점에 해발 882.2m라는 표지석이 있다. 공원 아래쪽의

정자와 작은 전망대에서 보이는 경치가 장관이다. 등산객은 주로 쌈지 공원 주차장에 차를 대고 등산을 즐긴다.

서울에서 멀지 않지만 주변이 전부 산으로 둘러싸여 있어 도시의 광해를 막아주고, 해발고도가 높아서 은하수도 제대로 감상할 수 있다. 도로 옆이라 지나가는 차량의 불빛이 관측을 방해하고 터널 동쪽 봉우리에 있는 군부대가 불을 밝혀 동쪽 하늘이 달이 뜬 것처럼 환해지는 것이 단점이다. 최근 TV 예능 프로그램에 별 관측 장소로 나오고 나서 유명세를 타고 있어 주차장이 부족하다.

그렇지만 화악터널 쌈지공원에는 단점을 감수할 만한 풍광이 있다. 산들이 한눈에 내려다보이는 시원하고 아름다운 산의 풍광을 즐기다 보면, 금방 노을이 지고 멋진 은하수와 반짝이는 별들이 찾아온다.

사진 2-7 쌈지공원의 남쪽 전경.

경기도 **양평 금왕리 벗고개**

양평 벗고개는 별을 자주 보는 이들은 물론 은하수를 보고 싶어 하는 일반인들 사이에서도 제법 유명한 장소다. 수도권에서 은하수를 볼 만한 몇 안 되는 곳이기 때문이다. 성남, 수원, 용인 쪽에 사는 사람이라면 광주원주 고속도로를 타고 1시간 반 정도 가면 도착할 수 있다.

주소 경기도 양평군 양동면 금왕리 187

찾아가는 길 광주원주 고속도로에서 동양평 IC로 나와 양동면 금왕리 쪽으로 향한다. 금왕1리 마을회관을 지나 나오는 삼거리에서 좌회전해 금왕길로 들어서 2km 정도 가면 벗고개길로 접어든다. 자칫 목왕리 벗고개 터널과 혼동할 수 있으니 내비게이션에는 반드시 금왕리 벗고개로 입력해야 한다.

벗고개로는 양평 금왕리에서 가현리로 넘어가는 긴 고갯길 도로의 일부 구간으로, 별을 보기 위한 장소가 별도로 마련되어 있지는 않다. 고갯마루에 터널이 있고 옆으로 작은 공터가 있는데, 이 공터에서 별을 볼 수도 있지만 공간이 넓지는 않다. 대개 갓길에 차를 대고 별을 본다. 그래서 날이 좋은 주말 밤이면 고개 아래에서부터 고갯마루까지 길게 차들이 늘어서 있고, 그 사이사이에 사람들이 각자의 방법으로 별을 보고 있는 진풍경이 펼쳐진다.

유명한 곳인 만큼 관측 여건이 아주 좋은 편은 아니다. 양평 지역이 발전해 광해도 심해져 밤하늘이 예전 같지는 않다. 가벼운 마음으로 은하수 사진을 찍거나 밤풍경을 즐기러 오는 사람들도 많아 별을 진지하게 관측하려는 사람들에게는 여러 불빛이 방해가 될 수도 있다. 길가에서 관측하는 만큼 차량에도 유의해야 한다. 또한 사람들이 많이 모이니 타인의 관측을 방해하지 않도록 주의해야 한다.

사진 2-8 벗고개 터널 위의 북두칠성.

맑은 날을 잘 잡는다면 이곳에서 제법 멋진 은하수를 볼 수 있다. 서쪽과 동쪽 하늘은 산으로 좀 가리지만, 남쪽과 북쪽이 트여 있고 하늘도 비교적 넓은 편이다. 이미 은하수 출사지로 유명한 장소인 만큼 인생 사진을 남기기에도 제격이다. 터널을 통해 펼쳐지는 아름다운 별 사진을 찍고 싶다면 양평 벗고개를 추천한다.

전라북도 무주 적상산 정상 주차장

붉은 단풍나무가 많아 그런 이름이 붙은 적장산은 한국 백경 중 하나로 손꼽힌다. 사방이 깎아지른 듯한 암벽으로 이루어져 있는 천혜의 요새로, 1374년에 이곳을 지나간 최영 장군이 공민왕에게 건의해 적상산성을 축조했다. 이후 『조선왕조실록』을 보

주소 전라북도 무주군 적상면 북창리 산119-8

찾아가는 길 무주에서 727번 괴목로를 따라가다 보면 무주불교대학이 보인다. 근방에서 산성로로 진입해 산길을 따라가다 보면 적상터널을 지나 적상호가 나타난다. 적상호 옆으로 적상전망대에 오르는 길이 나 있다.

관하는 사고를 이곳에 지으면서 산성을 증축했다. 고려 충렬왕 시대에 월인화상이 창건했다고 전해지는 안국사도 자리 잡고 있다.

적장산은 정상까지 차도가 닦여 있다. 무주 양수발전소를 건설하면서 닦은 도로로 적상호와 안국사 입구까지 오를 수 있다. 누구나 비교적 쉽게 정상 주차장까지 접근할 수 있다는 것은 굉장한 장점이다. 요즘에는 무주군의 가로등 정비 사업으로 광해가 증가해 점점 관측 조건이 나빠지고 있다. 또한 저수지가 바로 앞에 있어 습기가 문제가 되기도 한다.

적장산은 해발고도가 1,031m로 비교적 높은 편이다. 봄철에는 남반구 별자리인 켄타우루스자리가 남쪽 하늘에 있을 때 1시간 정도 보이기도 한다. 북반구에 있는 우리가 남반구의 별자리를 볼 수 있는 몇 안 되는 특별한 장소다.

사진 2-9   적상산에서 본 일주 운동.

경상남도 밀양 가지산 삼양교 주차장

밀양 얼음골은 재약산과 천황산 북쪽 중턱에 있는 골짜기를 말한다. 얼음골이라는 이름답게 날이 풀리는 봄에 얼음이 얼었다가 처서가 지나야 녹는데, 한여름 무더위가 심할수록 바위틈에 얼음이 더 많이 언다. 반대로 겨울에는 계곡물이 얼지 않고 오히려 반팔을 입어도 될 정도로 더

주소 경상남도 밀양시 산내면 삼양리 산4-1

찾아가는 길 언양에서 울밀로를 따라 석남사 방향으로 가다 배내골 입구삼거리에서 창녕, 밀양, 얼음골 쪽으로 조금 달리면 삼양교 주차장이 나온다. 밀양에서 산내면을 지나는 24번 도로를 타고 얼음골교차로에서 얼음골 이정표를 따라 나와서 호박소유원지까지 가도 된다.

사진 2-10 삼양교 주차장에서 바라본 남쪽 하늘.

운 김이 나 밀양의 신비라고 불린다. 아삭하고 달콤한 얼음골 사과도 이곳의 유명한 특산품이다.

얼음골이 있는 골짜기에 경남에 사는 별지기라면 한번은 다녀갔을 관측지가 있다. 가지산 삼양교 바로 앞에 있는 큰 주차장이다. 입구의 간판에 호박소 휴양지라고 적혀 있지만 실제로는 작은 가게가 하나 있을 뿐이다. 주차장은 여름 휴가철을 제외하면 대부분 비어 있다.

울산의 도시 불빛과 양산 골프장으로 생기는 광해가 만만치 않다. 하지만 다행히도 영남알프스라 불리는 천황산과 가지산 자락이 사방을 둘러싸고 있어 눈에 띄는 불빛이 없다. 멀리 밀양의 유명한 관광지 케이블카 정상의 붉은 불빛만 별빛처럼 보인다. 교통량이 늘어나며 주변에 가로등이 설치되었으나 관계 기관에 미리 연락하면 소등도 가능하다. 남쪽 산이 높아서 탁 트인 시야를 확보할 수 없다는 점은 아쉽지만, 전갈자리 꼬리까지 남쪽 하늘에 올라올 정도의 관측 조건은 확보된다.

3 | 아침, 해를 보기 위한 장소

가장 많은 사람들이 동시에 하늘을 보는 때는 언제일까? 아마도 새해 첫날일 것이다. 새해가 되면 많은 사람들이 해돋이로 유명한 장소를 찾는다. 편한 집 근처가 아닌, 먼 바닷가나 산까지 가서 해돋이를 보는 데는 이유가 있다. 더 멋지고 아름다운 풍경으로 특별한 감동을 느끼기 위해서다.

별을 볼 곳은 광해가 적고 고도가 높아야 했다. 하지만 아름다운 해돋이를 보기 위한 조건은 이와 조금 다르다. 동쪽에 수평선이 있고, 해가 뜨는 고도가 낮을수록 감상하기 좋다.

동쪽 바다에서 해돋이를 보면 좋은 점들을 살펴보자. 우선 해가 떠오를 무렵 다양한 색으로 물든 하늘과 바다가 멋진 장면을 연출한다. 뿐만 아니라 해가 낮은 곳에 있기 때문에 떠오르는 해를 바라보며 소원을 빌 시간이 조금 더 길어진다. 야산 위로 떠오르는 해는 이미 고도가 높아 태양 빛이 강렬해 감상하기 힘들고, 아침노을도 없다.

사진 2-11 도심의 노을. 태양 빛이 밝아 사진의 노출값을 맞추기도 힘들어진다.

태양이 수평선에 가까울수록 일출도 더 화려해진다. 고도가 낮을수록 빛이 통과하는 하늘의 두께가 늘어나기 때문이다. 태양 빛은 두꺼운 공기층을 통과하면서 산란하는데, 거리가 멀어질수록 푸른빛은 사라지고 파장이 긴 붉은빛이 땅에 닿는다. 즉 공기층의 두께에 따라 지표면에 닿는 빛의 색이 달라지는 것이다. 지구를 둘러싸고 있는 공기층이 지표면을 따라 둥글게 형성되어 있기 때문에 고도가 낮을수록 태양 빛이 통과하는 공기층은 두껍다. 지표면에서 바라본 하늘의 두께는 천정보다 지평선 방향이 훨씬 두껍다. 천정 방향 하늘(대류권)의 높이가 12km일 때 지평선 방향 하늘의 두께는 392km 정도다. 고도가 $10°$만 높아져도 하늘의 두께는 67.1km로 급격히 얇아진다. 따라서 태양 빛이 통과하는 대기의 상태와 두께에 따라, 하늘은 붉게 물든 아침노을부터 눈이 부시도록 푸른 하늘, 그리고 핑크빛의 비너스벨트까지 화려하게 변신한다.

사진 2-12 수평선의 노을. 공기층이 얇은 위쪽 하늘은 푸른빛만 산란시키고, 공기층이 두꺼운 수평선 쪽 하늘은 붉은빛만 남아서 전달된다.

결국 동쪽 수평선이 보이는 높은 곳이 최고의 해돋이 감상 장소다. 고도가 높으면 수평선까지의 거리가 더 멀어져서 시원하게 트인 전망과 태양 빛이 연출하는 화려한 색상의 아침노을을 감상할 수 있다. 제주 성산 일출봉, 동해 추암 촛대바위, 양양 하조대, 여수 향일암 등이 해돋이 명소라 할 수 있다.

4 | 떠나기 전에 확인해야 할 것

별은 우리와 상관없이 늘 하늘에 있다. 밤낮으로 자리를 지키며 빛을 내고 있지만 어두운 밤이 되어서야 우리는 그곳에 별이 있다는 사실을 깨닫는다. 불야성의 도시에서는 밤이 되어도 별의 존재를 알아채기 힘들기 때문에, 별을 제대로 보고 싶은 사람들은 밤하늘 여행을 준비한다. 별빛이 찬란한 밤하늘을 감상하기 위해서는 여러 준비가 필요하다. 떠나기 전에 먼저 확인해야 할 것들이 있다. 바로 날씨와 월령, 천문 현상의 유무이다.

별을 제대로 보기 위해 더 어두운 곳을 찾아갔는데, 여행지에 도착해 보니 구름이 잔뜩 끼어 있거나 비가 내린다면 관측이 불가능해진다. 천체 관측 및 촬영은 날씨의 영향을 직접적으로 받는다. 관측을 하기에는 맑고 바람이 없고 습도가 낮은 날이 가장 좋다. 별빛을 가리는 구름이 없어도 바람이 불면 빛이 흔들려서 상이 정확하게 맺히지 않는다. 습도가 높으면 밤에 이슬이 맺혀서 카메라와 망원경이 젖어버린다.

그러니 일기예보 확인은 절대 잊어서는 안 되는 일이다. 비나 눈이 오는지뿐만 아니라 구름의 움직임과 바람의 세기와 습도까지도 파악해야 한다. 천체 사진에 크게 영향을 끼치는 구름의 양과 모양, 움직임을 분석할 줄 알면 더 좋다. 관측 여행을 자주 떠나는 사람들은 기상청 홈페이지에 들어가 일기예보와 위성사진을 직접 확인한다. 기상청 홈페이지에서(www.weather.go.kr) 위성이 찍은 사진들을 영상으로 볼 수 있다. [영상·일기도-날씨지도-위성-적외]를 선택하면 구름의 모습이 보인다. 구름이 움직이는 방향과 속도를 보면 대략적으로 예상할 수 있다.

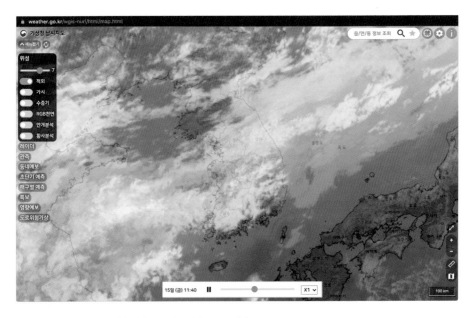

사진 2-13 기상청 홈페이지에서 구름의 모습을 볼 수 있다.

일기예보를 확인해서 맑은 밤을 골라 별을 보러 갔는데 보름달이 휘영청 밝아서 달구경만 하고 와야 하는 경우가 있다. 별 관측을 할 때 달 모양은 아주 중요하다. 달빛은 지상의 밝은 불빛만큼 영향력이 크다. 보름달은 달빛에 그림자가 생길 정도로 밝아 광해가 도심의 불빛과 다를 바 없이 심하다. 별을 보려면 달이 없거나 어두운 게 좋다. 반드시 음력 날짜, 달의 모양과 월출 시각을 정확히 알고 가야 한다.

일식이나 월식, 유성우 등의 흔치 않은 천문 이벤트는 뉴스에서 대대적으로 알려주기도 한다. 그러나 뉴스를 자세히 체크하지 않는다면 모르고 지나치는 경우도 많다. 천문 달력을 확인하면 어떤 천문 현상

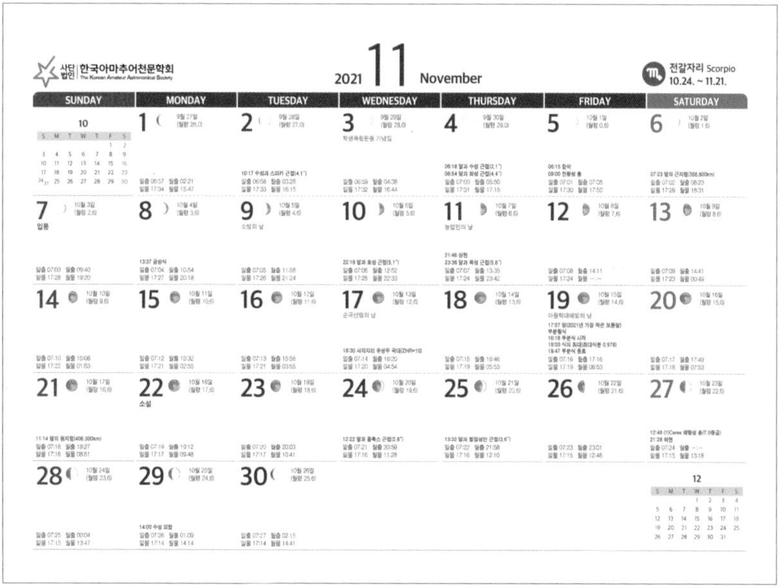

사진 2-14 2021년 11월 천문 달력.

이 있을 예정인지를 쉽게 알 수 있다. 천문 달력은 한국천문연구원이나 한국아마추어천문학회 등에서 발행하는데, 주요 천문 현상뿐만 아니라 매일의 일출·일몰·월출·월몰 시각도 기록되어 있어 관측 계획을 세우는 데 무척 유용하다. 또한 한국아마추어천문학회 등 천문 관련 기관에서는 홈페이지를 통해 주요 천문 현상을 안내하기도 한다.

천문 현상과 일기예보를 확인하고 관측 계획을 세웠다면 실제 하늘을 보기 전에 시뮬레이션으로 하늘의 모습을 확인해 보자. 천체관측 시뮬레이션 프로그램을 이용하면 언제 어떤 천문 이벤트가 일어나는지 뿐만 아니라, 하늘에서 이 모습이 어떻게 보일지까지 미리 확인할 수 있다. 별바라기(starflower.info)와 스텔라리움(stellarium.org)은 무료 프로그램으로, 누구나 쉽게 다운로드해서 사용할 수 있다. 프로그램을

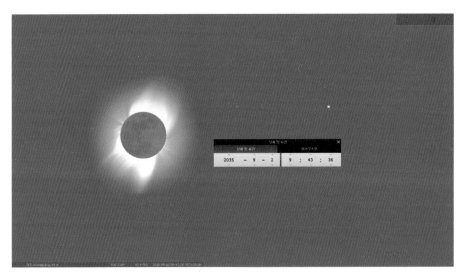

사진 2-15 스텔라리움 프로그램으로 2035년 9월 2일에 있을 평양의 개기 일식을 미리 볼 수 있다.

실행하고 관측 위치와 날짜, 시각을 입력하면 그때의 밤하늘이 나타난다. 시뮬레이션으로 별이 어디 있는지 미리 확인하고 간다면 관측지에서 별을 찾기가 더욱 수월해진다. 별바라기 프로그램은 성도를 제작해 인쇄할 수도 있고, 한글로 되어 있기 때문에 초보자도 쉽게 별자리를 찾을 수 있다.

떠나기 전에 한 가지 더 고려할 것은 '무엇을 보고 싶은가'이다. 은하수가 보고 싶다고 하자. 봄에는 새벽녘에나 보이고 가을에는 일찍 지므로 한여름 밤이 은하수를 보기에 가장 좋다. 자신의 탄생 별자리가 보고 싶다면 내가 태어난 날의 반대 계절에 보아야 한다. 탄생 별자리는 태양이 머무르는 별자리이기에 그 계절에는 보이지 않기 때문이다. 이처럼 여행을 떠나기 전에 미리 준비한다면, 별 관측이 한 번으로 그치더라도 더 많은 것을 볼 수 있고 더 많은 감동을 받을 것이다.

5 떠나기 전에 챙겨야 할 것

맑은 날을 골라 좋은 관측지에 가기로 했다면 만반의 준비를 갖추어야 한다. 편안하고 즐거운 관측을 위해서 꼭 필요한 준비물들이 있다. 값비싼 천체망원경이나 성능 좋은 카메라가 있다면 챙기는 것도 좋겠지만 다음과 같은 것들이 빠진다면 그 또한 무용지물이 될 것이다. 초보 별지기들이 간과하기 쉽지만 반드시 챙겨야 하는 물건들은 다음과 같다.

적색등

우리 눈의 동공은 어두운 곳에 가면 더 많은 빛을 모으기 위해 커지는데, 동공의 크기가 7mm 정도까지 확대되어야 어두운 별까지 볼 수 있다. 눈의 동공은 의식적으로 열 수 없다. 어두운 곳에서 시간을 보내야만 동공이 자연적으로 확대된다. 이를 암적응이라 한다. 암적응까지 걸리는 시간은 보통 20~30분 정도로, 이 정도가 되면 처음에는 보이지 않던 사물들이 보인다. 별 보기를 즐기는 몇몇 사람들은 암적응을 수

사진 2-16 ① 적색등　　　　　　② 방한복

월하게 하기 위해 관측 며칠 전부터 낮에도 환한 곳을 피해 다닌다는 우스갯소리도 있다.

어둠에 적응해 관측을 하다 보면 불빛이 필요한 상황이 생긴다. 화장실에 간다든가, 장비에 문제가 생겨 다시 세팅을 해야 하는 경우이다. 그럴 때 초보자가 많이 하는 실수 중 하나가 휴대폰 불빛이나 밝은 랜턴을 이용하는 것이다. 불을 환히 밝히는 순간 본인은 물론, 주변 사람들의 암적응까지 동시에 깨고 만다. 그래서 필요한 물건이 적색 랜턴이다. 적색등은 사용하더라도 암적응을 어느 정도 유지해 준다. 하지만 적색등도 암적응을 해치기는 하기에, 빛을 지면 방향으로 비추어 다른 사람들의 암적응을 깨뜨리지 않는 것이 에티켓이다.

방한복

외진 곳에서 한밤중에 별을 보다 보면 기온이 뚝 떨어진다. 겨울은 물론이고 봄이나 가을에조차 밤은 겨울만큼 추울 수 있다. 별 관측을 위해서 주로 산처럼 높은 곳에 가기 때문에 한여름이라고 해도 추위 때

사진 2-17 ① 열선밴드 ② 의자

문에 오래 별을 보기가 힘들 수 있다. 그러니 별을 보러 갈 때는 항상 바람과 추위를 막을 여분의 옷이나 방한복을 추가로 준비해야 한다.

열선 밴드

밤이 깊어지면 기온이 내려간다. 빠르게 차가워진 망원경과 카메라 렌즈에 김이 서리거나 성에가 낄 수 있다. 휴대용 열선 밴드를 렌즈 주위에 감으면 습기와 성에를 제거할 수 있다. 일교차가 크거나 습도가 높은 날에 망원경이나 카메라로 오랫동안 별을 볼 생각이라면 반드시 열선 밴드를 챙기도록 하자.

의자, 매트

관측을 할 때는 오랫동안 하늘을 보고 있어야 하기 때문에 편한 자세를 위한 의자나 매트도 필요하다. 천체망원경에 잡힌 대상을 계속 관측하려면 한 자세로 오랫동안 서서 보는 것보다는 편안한 의자에 앉아서 보는 것이 좋다. 관측용 의자는 높낮이를 조절할 수 있는 것이 편리하다. 또한 매트가 있으면 누워서 밤하늘을 감상하거나 유성우를 관측하기 좋다. 매트는 지면에서 올라오는 냉기를 막아줄 수 있는 두툼한 것이 좋다.

성도 星圖, sky atlas

저 별이 어느 별자리의 별인지 알기 위해서는 별자리 지도가 있어야 한다. 성도는 하늘에서 별이 어디 있는지 그 위치를 그려둔 밤하늘의 지도이다. 별의 위치뿐만 아니라 밝기도 원의 크기로 표시되어 있고, 주요 성운이나 성단 등의 천체도 기재되어 있다. 성도를 이용하면 관측하고자 하는 별의 위치를 찾고 확인할 수 있다. 종이로 된 성도를 보며 별을 찾는 것을 추천하지만, 상황이 여의치 않다면 스마트폰으로도 성도를 볼 수 있다.

이렇게 만반의 준비를 하고 나면, 이제 관측지로 가서 밤하늘을 감상하는 일만이 남았다. 관측지에 도착해서는 남을 배려해 불빛을 삼가고 조용히 관측하며 쓰레기를 남기지 말자.

3부

별의 움직임을 기록하다

천체 사진 촬영하기

1 | 누구나 천문 현상을 자세히 기록할 수 있는 시대

덴마크의 천문학자 튀코 브라헤Tycho Brahe는 1572년 카시오페이아자리에 갑자기 나타난 신성의 밝기 변화를 14개월간 기록했다. 1577년에는 혜성의 위치 변화와 밝기 변화를 정밀히 기록해, 이것이 달보다 먼 곳에서 일어나는 현상이라는 것을 알아냈다. 신성의 발견과 혜성 관측은 "달보다 먼 하늘에서는 어떠한 변화도 일어나지 않는다."라는, 당시의 천동설을 부정하는 강력한 증거가 되었다.

튀코 브라헤는 당시 덴마크 영토였던 벤섬에 1576년 우라니보르 천문대를 지었다. 천문대라고는 하지만 망원경이 발명되기 전이라 모든 천체를 맨눈으로 관측해야 했다. 관측 장비라고는 두 별의 각도를 측정할 수 있는 사분의와 혼천의 정도가 전부였다. 사진 한 장 찍을 수 없으니 별의 위치와 밝기도 모두 손으로 기록해야만 했다.

튀코 브라헤는 수십 년 동안 천문대에서 하늘을 보았으며, 777개의 별 위치를 기록으로 남겼다. 그가 얼마나 많은 시간을 천문 관측에 할

사진 3-1 같은 장소에서 매일 해가 뜨는 위치를 기록해 보자.

애했는지를 짐작케 하는 대목이다. 튀코 브라헤는 별들 사이를 움직이는 행성의 위치 변화도 정밀하게 기록했다. 이 자료는 그의 제자 케플러가 화성이 원 궤도가 아니라 타원 궤도를 돌고 있다는 사실을 밝히는 데 결정적 역할을 한다. 튀코 브라헤는 맨눈으로 관측할 수 있는 범위 내에서 하늘에서 일어나는 천문 현상을 가장 정밀하게 기록한 당대 최고의 천문학자였다.

옛사람들에게 하늘을 기록하는 일은 무척 중요했다. 사람들은 날짜를 알 수 있는 달력을 만들었고, 일식과 월식도 예측했다. 매번 바뀌는 달과 행성의 위치 변화를 바탕으로 우주가 어떤 원리로 움직이는지를 고민했고, 이 노력이 과학의 발전으로 이어졌다.

우리도 튀코 브라헤처럼 하늘을 기록해 보는 것은 어떨까. 별이 잘 보이지 않는 도심에서도 기록할 수 있는 천체들이 있다. 퇴근길에 하늘을 올려다보자. 해가 지는 서쪽 하늘을 며칠 동안 비슷한 시각에 촬영해 보자. 오늘 달의 모양과 위치가 어제와 어떻게 변했는지 느껴지는가? 수성과 금성이 보인다면 행성들을 며칠 연속으로 찍어보는 것도 재미있겠다. 두 행성이 얼마나 빨리 움직이는지 짐작할 수 있을 것이다. 일출과 일몰 위치, 달과 행성의 만남, 달과 행성이 밝은 별 근처를 지나는 모습 등은 도심에서도 보인다.

집을 떠나 별이 잘 보이는 곳에 간다면 밤하늘까지 카메라에 담을 수 있다. 밝기와 위치가 변하지 않는 별들을 배경으로 행성을 찍는다면, 촬영 시점과 장소를 남기는 것만으로 역사적인 기록이 된다. 별들과 비교해 행성의 밝기를 가늠할 수 있고, 천구상의 위치를 특정 지을 수 있기 때문이다. 다른 시점에 촬영한 사진과 비교하면 행성이 움직

사진 3-2   주위의 지형지물을 활용하면 천문 사진은 예술 작품이 된다.

이는 속도와 방향, 그리고 밝기 변화까지 알 수 있다.

우리는 튀코 브라헤만큼 정밀하게, 튀코 브라헤보다 훨씬 더 편하게 천체의 움직임을 기록할 수 있다. 힘들게 천체 사이의 거리를 측정하고, 밝기 변화를 일일이 손으로 쓸 필요가 없다. 망원경이 없었던 튀코 브라헤에게 행성들은 점으로만 보였고 그는 행성을 별과 똑같은 모양으로 기록할 수밖에 없었다. 하지만 우리는 약간의 장비만 갖추면 행성의 모습을 제대로 볼 수 있다. 갈릴레이가 처음으로 관측한 금성의 모양 변화, 목성의 4대 위성, 토성의 고리, 태양 흑점을 천체 망원경만 있다면 얼마든지 직접 볼 수 있다. 사진만 찍으면 보이는 모습 그대로를 기록할 수 있다. 위대한 과학자의 발자취를 편하게 따라갈 수 있다.

무엇보다도, 하늘은 아름답다. 천문 현상을 정확히 기록하는 것도 의미가 있겠지만, 천문 사진 촬영은 그 이상의 즐거움을 준다. 주위의 지형지물이 드러나는 아름다운 풍경까지 함께 사진에 담아낸다면 기록은 예술이 된다. 촬영 장소와 환경까지 표현할 수 있다면 하늘을 넘어 시대를 담는 고유한 작품이 될 것이다.

하늘의 변화에 관심이 있다면 누구든 언제 어디서나 튀코 브라헤보다 정확히 천문 현상을 기록할 수 있는 시대가 되었다. 오늘의 하늘은 어떨까? 내일의 하늘은 어떨까? 오늘 밤 당장 스마트폰을 켜서, 하늘을 찍어보자.

관측 조건별 추천 기록 주제

도심	별 관측지	천체 망원경	어디서든
태양과 달의 모양과 움직임	별자리와 행성의 움직임	행성의 모양과 고리, 위성	천문 현상을 주제로 한 예술 사진

2 　멋진 사진을 위해 알아야 할 카메라 상식

사진은 대충 찍어도 기록이 된다. 하지만 사진이 단순한 기록을 넘어 예술이 되기 위해서는 더 많은 것들을 고려해야 한다. 카메라의 촬영 원리를 이해하고 촬영 조건을 조정할 때에야 비로소 멋진 사진이 찍힌다.

　밤하늘의 별을 촬영한다면 촬영 조건이 더욱 중요해진다. 별과 달이 어우러진 멋진 밤하늘 풍경은 사진으로 찍었을 때 마음먹은 것처럼 잘 나오지 않는다. 초점이 제대로 맞지 않아 흐릿하거나, 너무 어두워서 별이 제대로 찍히지 않거나, 빛이 흔들려서 형태를 알아볼 수 없는 경우가 부지기수다. 카메라는 자동 모드에서 가장 밝은 대상을 기준으로 흔들리지 않는 것에 중점을 두고 촬영하기 때문에, 정작 촬영자가 중요하게 생각하는 피사체를 제대로 인식하지 못할 수 있다.

　대부분의 사람들이 카메라를 지닌 시대다. 스마트폰 카메라의 성능은 갈수록 좋아져서 설정만 잘 맞춘다면 별을 선명하게 담아낼 수 있게 되었다. 같은 기종의 스마트폰으로 사진을 찍었는데도 남의 별 사진이 더 멋있다면, 먼저 카메라와 관련된 상식을 이해할 필요가 있다. 촬영에 들어가기 전에 카메라의 촬영 조건에 대해 알아보자.

인물 사진과 풍경 사진의 차이 **F수**

사진을 찍을 때는 보통 원하는 촬영 대상에 초점을 맞춘다. 그러면 초점을 맞춘 대상은 선명하게, 다른 위치에 있는 물체나 배경은 흐릿하게 찍힌다. 그런데 초점을 맞추고 싶은 대상이 여럿이고 그것들이 제각각 다른 거리로 떨어져 있다면 어떻게 해야 할까? 가까운 대상에 초점을 맞추면 멀리 있는 대상이 흐려지고, 멀리 있는 대상에 초점을 맞추면 가까이 있는 대상이 흐려진다. 이런 문제를 해결하기 위해서는 카메라의 F수를 조정해야 한다.

F수는 렌즈의 초점 거리를 렌즈의 크기(지름)로 나눈 값이다. 렌즈의 밝기를 나타낸다고 보면 되는데, 렌즈의 초점 거리가 동일한데 렌즈가 커진다면 F수는 작아진다. 렌즈가 클수록 많은 빛을 받아들일 수 있기 때문에, F수가 작을수록 밝고 F수가 클수록 어둡다. F수가 클수록 초점이 잘 맞지 않아도 선명해진다. 이것을 "피사계 심도가 깊다."라고 표현한다.

F수 = 렌즈의 초점 거리(mm) ÷ 렌즈의 직경(mm)

F수는 렌즈의 밝기를 나타내는 기준이기에 망원경 렌즈에도, 카메라

사진 3-3 ① F수가 작은 경우. 초점이 맞는 대상은 선명하지만 배경은 흐려진다.
② F수가 큰 경우. 가까운 곳과 먼 곳 모두 초점이 맞는 것처럼 선명하다.

렌즈에도 쓰이는 말이다. 그러나 둘 사이에는 차이가 있는데, 망원경의 F수는 변하지 않지만 카메라의 F수는 조리개를 이용해 쉽게 조정할 수 있다는 점이다. 즉 카메라에서 F수를 조정한다는 말은 조리개를 여닫는다는 뜻이다.

조리개를 열수록 렌즈가 커지니 F수가 작아진다. 카메라의 조리개를 조여주면 렌즈 크기가 줄어드니 F수가 커진다. 조리개를 완전히 열었을 때가 카메라의 최저 F수인 셈이다. 최저 F수가 작으면 작을수록 다양한 사진을 찍을 수 있다. F수가 작을수록(렌즈가 클수록) 빛을 많이 받아들이기 때문에, 어두운 상황에서 사진을 찍는 데 유리하다. 그래서 최저 F수는 카메라 렌즈의 가격과 우수성을 나타내는 지표 중 가장 중요한 요소다. 카메라의 최저 F수는 렌즈를 구매할 때 결정되고, F수를 크게 변경하기 위해서는 조리개를 조여주면 된다.

F수가 커질수록 초점이 맞는 범위가 넓어진다. F수가 크면 초점을 맞춘 거리에 상관없이 모든 물체가 선명하게 찍힌다. 초점이 모두 잘 맞는 풍경 사진을 찍고 싶다면 F수를 11 이상으로 설정하고 사진을 촬영하면 된다. 반대로 F수를 작게 설정한다면 초점을 맞춘 대상이 아닌 다른 사물들은 흐릿해진다. 인물이나 꽃을 찍을 때 촬영 대상만 선명하게 나오길 바란다면 F수를 2.8 이하로 설정한다.

스마트폰이나 DSLR 카메라는 촬영 대상에 따라 모드를 전환할 수 있도록 되어 있다. F수 조정이 어려운 사람들을 위해 미리 저장된 설정 값으로 촬영하는 것이다. 인물 사진 모드(꽃 모드)와 풍경 사진 모드를 설정하면 카메라가 알아서 F수를 결정해 준다. 그러나 촬영 대상을 자신의 의도대로 찍기 위해서는 F수를 이해해 두는 게 좋다.

초점 거리와 렌즈 지름에 따른 F수

초점 거리(mm)	렌즈 지름(mm)	F수	밝은 순서	피사계 심도가 깊은 순서*
50	35	1.4	1	5
50	6.25	8	4	2
50	3.1	16	5	1
4.25	2.36	1.8	2	4
4.25	0.53	8	4	2
4.25	0.26	16	5	1
200	50	4	3	3

* F수가 같으면 렌즈 크기에 상관없이 밝기와 피사계 심도는 동일하다.

빠른 물체와 어두운 별 찍기 **노출 시간(셔터 스피드)**

벌새가 날고 있는 영상을 본 적 있을 것이다. 파닥거리는 날개가 너무나 빨라 움직임을 따라갈 수가 없다. 사람의 눈이 물체의 형상을 제대로 보기 위해서는 초점을 맞추고 인지할 시간이 필요하다. 빠르게 움직이는 대상은 눈이 거기에 초점을 맞추기도 전에, 이전과 다른 장면을 눈에 노출시킨다. 여러 개의 상이 눈에 맺히면 사람이 인지하는 장면은 흐릿해진다. 필름 한 장에 사진이 여러 장 겹치는 것과 비슷하다.

카메라도 사람 눈과 마찬가지로 촬영을 위해서는 대상에 초점을 맞추고 빛을 모을 시간이 필요하다. 사진을 찍다 보면 빠르게 움직이는 대상은 흐릿하게 찍히는 일이 부지기수다. 움직이는 대상을 정지한 것처럼 선명하게 촬영하기 위해 조정해야 하는 설정값이 노출 시간이다.

셔터 스피드는 카메라의 노출 시간을 나타내는 요소다. 1/500로 표시되었다면, 0.002초 동안만 카메라 셔터가 열린다는 의미다. 셔터 스피드가 빠를수록 물체의 움직임이 아닌 한 장면이 선명하게 잡힌다. 일반적으로 1/60초보다 짧게 설정하면 손 떨림 문제가 해결되고, 1/1000초보다 더 짧으면 빠르게 움직이는 대상도 정지 화면처럼 촬영된다.

반대로 카메라의 셔터 스피드가 느리다면 사진이 특별해진다. 노출 시간이 늘어나면 눈으로 보기 힘들었던 어두운 빛도 사진으로 담을 수 있다. 7등성인 천왕성처럼 어두운 천체는 아무리 주위가 깜깜해도 맨눈으로는 볼 수 없다. 사람 눈은 빛을 축적할 수 없기 때문에 오래 쳐다본다고 해서 어두운 대상이 밝아지지는 않는다. 눈의 동공이 최대로

사진 3-4　노출 1/2500초. 빠르게 이동하는 새의 모습을 정지 화면으로 담을 수 있다.

사진 3-5　노출 3초. 서쪽 하늘의 금성뿐만이 아니라 물에 비친 금성까지 찍혔다.

사진 3-6 노출 60분 이상. 별의 움직임을 기록할 수 있다.

확대되어도 보이지 않을 정도도 어두운 별은, 맨눈으로는 어떻게든 볼 방법이 없다. 그런데 카메라의 노출 시간을 3초 이상으로 길게 하면, 맨눈으로는 볼 수 없던 어두운 별까지 사진에 담긴다. 필름이든 디지털 저장 장치든 카메라는 빛을 얼마든지 축적할 수 있기 때문이다.

노출 시간이 10초일 때 카메라가 받아들이는 빛의 양은 1/60초일 때보다 600배나 더 많다. 별 사진을 찍을 때 셔터 스피드를 늦춰 노출 시간을 길게 하면 별이 훨씬 더 많이 보인다. 도심의 야경 사진이 맨눈으로 본 풍경보다 더 화려한 것도 카메라의 노출 시간을 조정해 많은 빛을 담아내는 것이 가능하기 때문이다.

어둠 속에서 움직이는 대상 ISO 감도

어두운 공간에서 인물이나 별을 찍기 위해서는, 카메라의 조리개를 최대한으로 열어 F수를 낮추고 노출 시간도 늘려야 한다. 그런데 F수는 렌즈 자체를 바꾸지 않는 한 줄이는 데 한계가 있고, 촬영 대상이 움직인다면 노출 시간도 무작정 길게 늘릴 수 없다. F수와 노출 시간을 그대로 두고 어두운 대상을 더 밝게 찍을 수 있는 방법이 있다. 바로 ISO 감도를 높이는 것이다.

ISO 감도는 카메라의 이미지 센서가 빛에 반응하는 정도를 나타낸다. 어두운 곳에서 촬영을 할 경우에 감도를 높이면 대상이 밝게 나온다. 나머지 여건이 동일할 때, ISO 감도를 올리면 올린 배수만큼 사진이 밝아진다. 예를 들어 ISO 감도를 100에서 400으로 조정하면 4배 밝

사진 3-7 ① 노출 1/125초, ISO 1,600. ② 노출 1/125초, ISO 25,600. 노출 시간이 같아도 ISO 감도를 높이면 어두운 대상이 밝게 찍힌다. 움직이는 대상을 찍으려면 노출 시간을 늘리기보다 ISO 감도를 높이는 편이 안전하다.

게 찍히고, ISO 감도를 1,600으로 설정하면 16배 밝다. F수와 노출 시간이 같을 때 ISO 감도를 높이면 더 어두운 별을 사진에 담을 수 있다.

ISO 감도를 높이면 같은 밝기의 사진을 찍기 위한 노출 시간을 줄일 수 있다. 어두운 실내에서 인물 사진을 찍는 상황에서 ISO 감도가 100일 때 적절한 노출 시간이 1/8초라면, ISO 감도가 1,600일 때는 1/128초로 줄여도 된다. 노출 시간이 짧아지면 촬영 대상이 흔들려 흐려지는 문제를 극복할 수 있다. ISO 감도를 높이면 어두운 실내에서 움직이는 인물을 촬영하는 일도 가능해진다.

그렇다면 모든 사진을 ISO 감도를 높여서 찍으면 좋을까? 그렇지

사진 3-8 ISO 25,600. 빠르게 지나가는 별똥별은 오래 노출한다고 찍히지 않는다. ISO 감도를 높여야 한다.

는 않다. 빛에 예민해진 만큼 노이즈가 발생해 색감이나 선명도에 문제가 생긴다. ISO 감도를 높이면 어두운 별도 찍히지만, 노이즈가 발생해 깨끗하지 못한 사진이 된다. 그래서 상황에 따라 적당한 감도를 선택해야 한다.

노출 시간의 한계 **삼각대**

얼마나 많은 빛을 축적해야 별을 찍을 수 있을까? 별 사진을 찍을 때는 한낮의 풍경 사진을 찍을 때보다 수천 배 이상의 노출이 필요하다. 빛의 강도를 높이기 위해 F수를 최대한 낮추고, 빛을 잘 감지하기 위해 ISO 감도를 높이고, 많은 빛을 축적하기 위해 노출 시간은 최대한 길게 설정한다.

	풍경 사진	별 사진
F수	11	2(5.5^2배)
노출 시간(셔터 스피드)	1/250초	3초(750배)
ISO 감도	100	1,000(10배)
총 노출량	1	226,875

별은 움직인다. 그래서 노출 시간을 무작정 길게 할 수는 없다. 별의 움직임이 사진에 담기는 일을 최소화하는 범위에서의 적정 노출 시간은 15초 정도다. 만약 카메라가 별을 추적할 수 있는 망원경에 부착되어 있다면, 좀 더 오래 노출해서 사진을 찍어도 된다.

카메라의 노출 시간을 늘릴 때 주의해야 할 점은 카메라가 흔들리지 않게 해야 한다는 것이다. 사진을 찍는 순간에 카메라가 흔들리면 초점을 아무리 잘 맞춰도 초점이 틀어져 사진이 흐려진다. 사람은 전혀 움직이지 않고 같은 자세를 유지하지 못하기 때문에, 손으로 카메라를 들고 사진을 찍는다면 아무리 주의를 기울여도 미세한 흔들림이 생긴다. 손 떨림 보정 기술이 적용된 최신 스마트폰이라고 해도 마찬가지다.

그래서 카메라를 고정하는 삼각대는 별을 촬영할 때 필수적인 장비다. 카메라를 사용하든 스마트폰을 사용하든 삼각대를 이용해서 카메라의 흔들림을 방지해야 선명한 별 사진을 얻을 수 있다.

카메라 삼각대를 고를 때 중요한 요소는 튼튼함이다. 쉽게 흔들리지 않아야 하고, 단단히 고정할 수 있어야 한다. 카메라 조절 각도도 확인해야 한다. 상하좌우 다각도로 움직일 수 있을 뿐만 아니라 카메라를 눕힐 수 있어야 원하는 구도의 하늘 사진을 찍을 수 있다.

사진 3-9 카메라의 방향을 자유롭게 조절할 수 있는 삼각대.

3 | 스마트폰, 천체 촬영을 위한 훌륭한 장비

별을 사진에 담기 위해서는 별빛을 오랫동안 축적해야 한다. 따라서 카메라의 노출 시간이 최대한 길어져야 한다. 그런데 노출 시간이 길어지면 카메라의 흔들림이 커져서 별빛이 하나의 초점에 축적되지 못한다. 카메라 자동 설정은 흔들림을 막기 위해서 노출 시간을 짧게 설정하기 때문에 별 사진을 찍을 수 없다. 수동으로 노출 시간을 길게 조정할 수 있지만, 삼각대에 카메라를 고정하지 않으면 역시 제대로 된 별 사진을 찍을 수 없다.

최신 스마트폰은 야간 촬영 모드를 갖추고 있어, 삼각대가 없어도 별 사진을 찍을 수 있다. 그런데 스마트폰의 야간 모드는 일반 카메라와 촬영 방식이 조금 다르다. 야간 모드로 3초간 촬영한다고 했을 때 사진 한 장을 3초간 노출시켜 찍는 것이 아니라, 짧은 노출로 여러 장을 촬영한 뒤에 이를 합치는 방식이다. 3초 동안 촬영한 각각의 사진은 노출 시간이 짧기 때문에 흔들림이 최소화된다. 또한 여러 장의 사진

사진 3-10　① 수동 모드(F1.8, 노출 3초, ISO 3,200). 노이즈가 심해 별이 보이지 않는다.
　　　　　　② 야간 모드(F1.8, 노출 3초, ISO 1,000). 합성으로 노이즈가 사라져 별이 보인다.

을 합성할 때 소프트웨어가 보정하기 때문에 완성된 사진에서는 흔들림이 거의 표현되지 않는다.

　야간 모드에서 3초 동안 0.25초의 노출로 12장의 밤하늘 사진을 찍은 뒤, 한 장으로 합치는 과정을 살펴보자. 별빛은 일정한 세기를 유지하므로 12장의 사진에 기록된 빛이 모두 합쳐지면 더 밝게 보인다. 하지만 노이즈는 빛의 세기가 일정하지 않아 사진마다 다르게 기록되어 합성될 때는 상쇄된다. 별은 더 밝게 찍히지만, 노이즈로 인해 배경이 밝아지는 현상은 완화되는 것이다. 따라서 일반 카메라로 3초간 노출해 한 장의 사진을 찍을 때보다, 스마트폰 야간 모드로 3초 동안 촬영할 때 도심의 어두운 별이 사진에 더 잘 나온다.

사진 3-11 스마트폰으로 찍은 은하수.(갤럭시 S20, F1.8, 노출 15초, ISO 3,200)

흔들림 극복에 노이즈 완화까지 되니 비전문가가 별 사진을 찍기에는 스마트폰이 DSLR보다 훨씬 좋다. 삼각대가 없어도 괜찮을 정도다. 그렇다면 스마트폰으로 어떤 천체까지 찍을 수 있을까?

하늘을 가로지르는 별의 강이 있다. 우리은하 중심부의 어두운 별들이 희미한 구름처럼 보이는 은하수다. 흐릿하기 때문에 밝은 도심에서는 은하수를 볼 수 없고, 캄캄한 시골에서나 은하수의 윤곽을 확인할 수 있다. 이렇게 어두운 은하수의 모습도 설정만 제대로 한다면 스마트폰 카메라에 담긴다. 스마트폰 카메라에서 프로 모드나 전문가 모드 등 촬영 설정을 직접 바꿀 수 있는 모드에 들어간다. 아이폰은 프로 모드가 없어서, 야간 모드에서 밝기를 높이거나, 별도의 앱을 사용해서 프로 모드처럼 촬영 조건을 변경할 수 있다. ISO 감도를 1,600 이상으로 높이고, 삼각대를 이용해 고정한 뒤 노출 시간을 10초 이상으로 설정하면 어두운 은하수가 사진에 담긴다. 물론 한계는 있다. 시골 밤하늘이라도 가로등과 달이 없어야 하고, 지평선 너머에 도심이나 고속도로로 인한 광해가 적어야만 제대로 찍힌다.

한계가 있더라도 스마트폰이 있어 밤하늘을 기록하기 쉬워진 건 분명하다. 별을 찍는 데 필요한 기능만 이해하면 제대로 된 천체 사진을 얻을 수 있다.

초점 고정 기능으로 밤하늘의 천체까지 초점 맞추기

요즘 카메라에는 자동으로 초점을 맞추는 기능이 있는데, 별은 점으로 보이기 때문에 카메라가 초점 맞출 대상을 제대로 찾지 못하는 경우도 있다. 그렇기 때문에 별 사진을 찍을 때마다 초점을 맞추는 데 시간이 걸리고, 심지어는 초점이 잘 맞지 않아서 별이 뿌옇게 흐려지기도 한다. 그런데 스마트폰에는 초점 고정 기능이 있기 때문에 별에 초점을 따로 맞추지 않고도 초점이 맞은 듯 별을 또렷한 점 모양으로 찍을 수 있다.

촬영 화면에서 초점을 맞출 사물을 길게 꾹 누르면 노란 영역 표시

아이폰 야간 모드 초첨 고정 화면.

갤럭시 야간 모드 초첨 고정 화면.

와 함께 자물쇠 그림이나 AF 잠금(초점 고정)이라는 말이 뜬다. 방금 터치한 사물과의 거리에 초점을 맞췄다는 의미다. 이렇게 초점을 고정하고 나면 카메라를 다른 방향으로 돌려도 초점이 변하지 않는다.

스마트폰 카메라는 초점 거리가 매우 짧기 때문에, 일정 거리(약 5m) 이상 떨어진 대상에 초점을 고정하면 그보다 멀리 떨어진 대상 모두가 초점이 맞는다. 그래서 밤하늘 풍경 사진을 찍을 때 어느 정도 떨어진 지상의 물체에 초점을 고정시킨 다음 하늘로 카메라를 돌려 촬영하면, 멀리 있는 별에도 초점이 맞는다.

스마트폰 카메라의
밝기 조절 기능(ISO 감도 조절) 이용하기

카메라 촬영 화면에서 초점을 맞출 대상을 터치하면 아이콘 ☀나 ♀가 나타나는데 이를 움직여서 밝기를 조절할 수 있다. 위쪽(아이폰)이나 오른쪽(갤럭시)으로 이동하면 카메라가 자동으로 설정하는 것보다

밝기 낮춤.(노출 2초, ISO 600)   밝기 높임.(노출 3초, ISO 2,500)

밝은 사진을 찍을 수 있고, 아래쪽이나 왼쪽으로 이동하면 사진이 어두워진다. 밝기는 노출 시간과 ISO 감도에 영향을 받는데, 일반 모드에서는 노출 시간과 ISO 감도가 동시에 변하지만, 야간 모드에서는 주로 ISO 감도가 먼저 바뀌고 뒤이어 노출 시간이 바뀐다.

야간에 사진을 찍으면 화면이 어두워 구도를 잡거나 대상을 확인하기 어렵다. 카메라의 밝기 조절 기능을 이용하면 좀 더 쉽게 사진 구도를 잡을 수 있다. 특히 별이 많이 보이도록 사진을 찍기 위해서는 ISO 감도를 높여야 한다. 노출 시간이 같더라도 더 어두운 별까지 사진에 담긴다. 다만 광해가 심한 도심에서는, 카메라가 자동으로 설정한 밝기보다 한두 단계 어둡게 설정해야 명암이 분명하고 별이 잘 나온 사진을 얻을 수 있다.

HDR 기능으로
밝은 대상과 어두운 대상을 함께 담기

일출 사진을 찍으려고 한다. 밝은 태양과 어두운 지상의 풍경이 한눈에 들어올 때 노출 정도를 어디에 맞춰야 할까? 태양을 기준으로 맞추면 지상 풍경이 너무 어두워지고, 지상 풍경에 맞추면 태양 부근이 모양을 알아볼 수 없게 하얘진다. 사진사들은 이런 문제를 해결하기 위해 노출을 달리해서 사진을 여러 장 촬영한 뒤에 컴퓨터로 합성해서 하나의 사진을 만들기도 한다.

스마트폰 카메라에는 HDR 기능이 있다. 밝은 부분을 밝게, 어두운

사진 3-12 HDR 기능 미사용. ① 노출을 낮추면 태양은 보이지만 지상이 어둡고, ② 노출을 높이면 지상은 밝지만 태양 형태가 보이지 않는다.

사진 3-12 ③ HDR 기능 사용. 태양과 지상의 모습이 모두 드러난다.

부분을 어둡게 만들어서 색 밝기의 범주를 넓혀 대비를 높이는 기능이다. 이 기능을 활성화하는 것만으로 어두운 부분과 밝은 부분을 한 장의 사진에 담을 수 있다. 스마트폰의 HDR 기능을 활성화하면, 카메라가 노출이 다른 사진들을 찍은 뒤에 각 사진에서 노출이 적절한 부분들을 조합해 한 장으로 만든다. 스마트폰에서 자동적으로 처리하기 때문에 빛과 어둠이 공존하는 도심의 밤하늘을 찍을 때 효과적이고 편리하다.

아이폰 HDR 활성화.
[설정-카메라]에서 스마트 HDR을 활성화할 수 있다. 스마트 HDR을 켜면 촬영 화면에 따로 표시되지 않지만 항상 HDR 기능이 작동한다. 스마트 HDR을 끄면 촬영 화면에 HDR 표시가 뜨는데, 이 표시를 터치해서 HDR 기능을 켜고 끌 수도 있다.

HDR 기능은 필요에 따라 끌 수도 있고 활성화할 수 있다. 자동으로 설정해 놓으면 촬영 화면의 밝기 분포에 따라 자동으로 HDR 기능이 적용된다. 조명이 있는 도심의 밤하늘을 촬영하거나 역광 사진, 일출과 일몰 사진을 찍을 때 HDR 기능을 활용하면 밝기가 다른 대상들 모두 노출이 맞는 사진을 찍을 수 있다.

갤럭시 HDR 활성화.
[카메라 설정]에서 자동 HDR을 활성화할 수 있다. 촬영 환경에 따라 자동적으로 HDR 기능이 적용되며, 적용될 때 화면에 표시된다.

4 | 스마트폰으로 천체 사진 촬영하기

스마트폰을 이용한 사진 촬영의 장점은 기동성에 있다. 계획에 없던 천문 현상을 보았을 때 다른 준비가 되어 있지 않아도 야간 모드가 지원되는 스마트폰만 있으면 바로 천체 사진을 촬영할 수 있다. 야간 모드를 지원하지 않는 스마트폰이라도 천체 사진을 찍을 수 있도록 해주는 앱을 설치하거나 프로 모드를 활용하면 된다. 이때는 스마트폰을 고정하는 삼각대가 필요하다.

스마트폰으로 별의 일주 운동, 행성의 표면, 은하수, 풍경이 있는 밤하늘 등 다양한 종류의 천체 사진을 촬영할 수 있다. 하지만 촬영 대상에 따라 촬영 방식은 달라진다. 촬영 대상의 밝기와 크기, 움직임을 감안해서 장비와 촬영 설정을 맞추어야 한다. 스마트폰으로 전문적인 천체 사진을 남기려면, 그만큼 알아야 한다. 지금부터 스마트폰을 활용한 천체 사진 촬영 방법을 알아보자.

일상 속 밤하늘 풍경을 찍어보자!

삼각대 없이 **야간 모드 촬영**

야간 모드가 지원되는 스마트폰이면 추가적인 장비 없이 별을 찍을 수 있다. 별에 초점 맞추기, 노출 시간 조절, 밝기 조절을 할 수 있으면 도심에서도 손쉽게 좀 더 다양한 밤하늘 풍경을 기록할 수 있다.

1 밤하늘을 비추고 야간 모드를 활성화한다.

- 아이폰: 조도에 따라 자동으로 전환되며, 🌙 아이콘이 뜬다. 기본 카메라에서 수동으로 야간 모드로 전환할 수는 없다. 아이폰11 이후 모델 지원.

- 갤럭시: 조도에 따라 자동으로 전환되며, 🌙 아이콘이 뜬다. [더 보기] 메뉴에서 야간 모드를 선택할 수 있다. 갤럭시 S9 이후 모델 지원.

2 노출 시간을 확인하고, 시야에 밝은 부분이 없는지 확인한다.

카메라는 빛의 양을 자동으로 감지해 노출 시간을 표시하는데, 최대 노출 시간은 카메라에 들어오는 빛의 양에 따라 결정되므로 밝은 부분을 최소화해야 한다.

3   5m 이상 떨어진 물체를 길게 눌러 초점을 고정한다.

- 화면에 별 이외에 초점을 맞출 물체가 없다면, 카메라를 돌려서 5m 이상 떨어진 물체에 초점을 고정한 뒤에, 촬영하고자 하는 천체를 다시 비춘다.

- 초점 고정 후 나타나는 밝기 조절 아이콘(☀, ♀)을 움직이면 ISO 감도와 노출 시간이 변경되기 때문에 사진의 밝기를 조정할 수 있다.

4   스마트폰을 양손으로 잡는다.

야간 모드에서의 노출 시간은 1초 이상이므로 흔들림을 줄이는 것이 중요하다. 스마트폰을 든 채 팔꿈치 또는 스마트폰 자체를 다른 곳에 기대 지지하면 흔들림을 최소화할 수 있다. 삼각대를 사용하면 더 좋다.

5   촬영한다.

밝기 조절 아이콘(☀, ♀)을 움직여 가며 같은 장면을 여러 장 촬영한다.

사진 3-13　아이폰 야간 모드 촬영.(노출 3초, ISO 1,000)

은하수와 별자리를 찍어보자!

삼각대를 활용한 긴 노출 촬영

광해가 없는 어두운 시골에서 많은 별과 은하수를 스마트폰으로 찍어보자. 어두운 별을 사진에 담기 위해서는 긴 노출 시간 동안 카메라를 고정할 삼각대가 필요하다.

스마트폰을 삼각대에 고정해 흔들리지 않도록 하면 야간 모드에서도 노출이 최대 30초까지 늘어난다. 이때는 최대 노출 시간만 증가할 뿐 앞쪽(157쪽)과 촬영 방식이 동일하다. 사진 상태를 봐가며 노출 시간과 밝기를 조정하며 촬영하면 된다. 촬영 버튼을 한번 누르면 노출 시간 최대 30초로 촬영된다. 노출 시간을 이보다 짧게 하고 싶다면 사진이 찍히는 도중에 촬영 버튼을 한 번 더 누르면 된다. 조금 더 다양한 조건에서 천체 사진을 찍고 싶다면, 프로 모드를 켜거나 이와 유사한 기능이 지원되는 앱을 사용해서 수동으로 노출 시간과 ISO 감도 등 모든 촬영 조건을 조정해야 한다. 야간 모드에서는 프로그램이 손 떨림을 어느 정도 보정해 주지만, 수동 모드에서는 보정이 되지 않는다. 그래서 카메라가 흔들리지 않도록 반드시 삼각대를 사용해야 한다.

1 스마트폰을 삼각대에 고정한다.

2 노출 시간 조정이 가능한 촬영 모드(야간 모드/프로 모드)를 실행한다.

- 아이폰: 조도에 따라 야간 모드로 자동 전환된다. 야간 모드가 따로 없는 기종은 수동 촬영을 지원하는 앱(Camera+ 등)을 실행한다.
- 갤럭시: [더 보기] 메뉴에서 프로 모드를 선택한다.

3 초점을 원거리에 맞춘다.

- 아이폰 야간 모드: 5m 이상 떨어진 물체를 길게 눌러 초점을 고정한다. 화면 안에 5m 이상 떨어진 물체가 없다면 카메라를 돌려서 초점을 고정한 뒤에 다시 구도를 잡는다.
- 프로 모드/수동 모드: 수동 초점(MF ⊚)를 터치해 조정 바를 오른쪽 끝(⩘)으로 움직인다.

4   광해와 날씨를 고려해 노출 시간과 ISO 감도를 조정한다.

- 노출 시간 10초, ISO 감도 1,000을 기준으로, 촬영 결과를 보면서 단계적으로 노출 시간과 ISO 감도를 높여간다.
- 노출 시간이 너무 길 경우(20초 이상) 별의 움직임이 선으로 나타날 수 있다.

5   촬영한다.

- 스마트폰 카메라는 버튼을 터치했다가 손을 뗄 때 사진이 찍히므로 흔들리지 않도록 주의한다. 타이머 설정을 이용하면 동작으로 인한 흔들림을 방지할 수 있다.

사진 3-14　독수리자리와 궁수자리, 토성, 목성.(제천별새꽃돌 천문관, 갤럭시 S10, F1.5, 노출 30초, ISO 800)

사진 3-15 북두칠성 근처를 지나는 니오와이즈 혜성.(육백마지기, 갤럭시 S20, F1.8, 노출 30초, ISO 3,200)

토성의 고리를 찍어보자!

망원경을 이용한 **천체 촬영**

우리나라에는 일반인이 방문할 수 있는 천문대가 100곳이 넘게 있다. 천문대에 방문하면 천체망원경으로 달의 크레이터와 목성의 표면, 토성의 고리 등을 볼 수 있다. 쌍안경이나 가정에서 사용하는 천체망원경으로도 행성과 달 표면 관측이 가능하다.

　망원경으로 본 천체의 모습을 나의 스마트폰에 담아 가고 싶다면 어떻게 해야 할까. 간단하다. 카메라를 망원경의 접안렌즈에 부착해 찍으면 된다. 이런 촬영 방식을 '어포컬Afocal 촬영'이라고 한다.

1　망원경으로 천체를 겨냥하고 초점을 맞춘다.

　촬영 시 카메라가 초점을 다시 맞추므로 육안으로 망원경을 볼 때 초점이 미세하게 어긋나는 것은 문제가 되지 않는다.

2 접안렌즈에 스마트폰 카메라 렌즈를 평행하게 밀착한다.

- 화면에 천체가 보이지 않는다면, 접안렌즈와 카메라 렌즈가 평행하지 않은 것이다.
- 망원경 접안렌즈에 스마트폰을 부착할 수 있는 '어포컬 어댑터'를 사용하면 더 안정적이다.

3 스마트폰 화면에 보이는 천체를 터치해 초점을 맞추고 촬영 버튼을 누른다.

- 달 촬영: 달은 밝아서 노출 시간이 짧아도 잘 찍힌다. 따라서 어포컬 어댑터가 없이 작은 망원경으로도 달 표면의 크레이터를 찍을 수 있다.
- 행성 촬영: 천문대에서 구경이 큰 망원경으로 볼 때는 어포컬 어댑터 없이 촬영할 수 있다. 구경이 작은 개인 망원경을 사용할 때는 어포컬 어댑터로 스마트폰을 고정하고 초점을 맞춰야 선명한 사진을 얻을 수 있다.

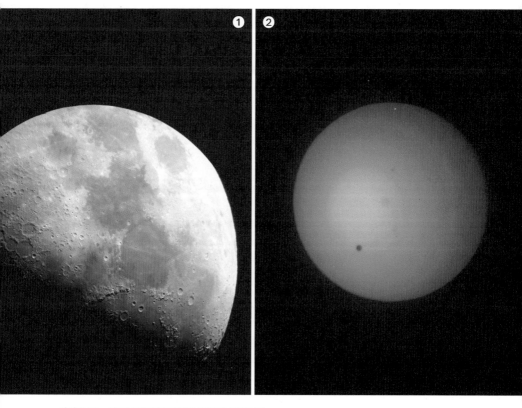

사진 3-16　① 달.(성북작은천문대 망원경, 갤럭시2)
　　　　　　② 태양. 흑점과 금성 그림자(7시 방향 큰 점)가 보인다.(100mm 굴절망원경, 갤럭시2)

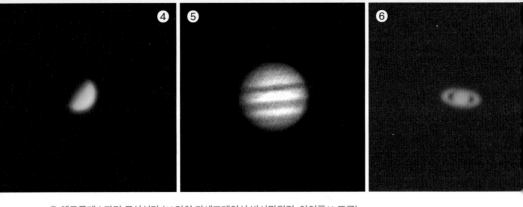

③ 헤르쿨레스자리 구상성단.(19인치 카세그레인식 반사망원경, 아이폰11 프로)
④ 금성. ⑤ 목성. ⑥ 토성.(5인치 굴절 망원경, 아이폰11 프로)

넓은 밤하늘을 사진에 담아보자!

야간 파노라마 사진 촬영

사람의 시야는 180°가 넘는 각도를 인지할 수 있지만 카메라는 이보다 시야각이 좁다. 육안만큼 넓은 시야를 사진에 담고 싶을 때 대부분 스마트폰 파노라마 모드를 사용해 촬영한다. 그러나 노출 시간을 길게 잡아야 하는 밤하늘 촬영에서는 파노라마 모드 이용이 불가능하다. 결국 한 장의 사진에 넓은 밤하늘을 담기 위해서는 야간 모드나 프로 모드로 여러 장 촬영한 뒤에 합성을 해야 한다.

다음은 야간 파노라마 사진을 만들 때 유의할 사항이다.

- 사진이 확대 또는 축소되지 않도록 초점 거리를 동일하게 유지하기.
- 사진 구도가 서로 40% 정도 겹치게 촬영하기.
- 밝기가 동일하도록 노출 시간 조정하기.
- 수평 각도를 일정하게 유지하기. 10° 이상 기울어지면 파노라마를 설정하기 어렵다.

사진 3-17 야간 촬영 후 합성한 파노라마 사진.

별의 움직임을 사진에 담아보자!

일주 사진 촬영

별의 일주 운동을 담은 사진을 만들려면 동일한 장면을 짧은 간격으로 수백 장 이상 촬영한 뒤에 프로그램을 이용해 한 장으로 합성해야 한다. 갤럭시 휴대폰으로 일주 사진을 촬영하려면 자동 반복 클릭 기능을 쓸 수 있는 앱(오토매틱 클리커Automatic Clicker 등)과 일주 사진 합성을 위한 앱(스타 트레일스Star Trails 등)을 사용해야 한다. 아이폰에서는 나이트캡NightCap 앱을 사용하면 일주 사진을 손쉽게 촬영할 수 있다.

사진 3-18 갤럭시 스마트폰으로 2시간 14분 동안 촬영한 671장의 사진을 합성했다. (장당 촬영 조건: F1.8, 노출 10초, ISO 3,200)

갤럭시 촬영

1 오토매틱 클리커Automatic Clicker와 스타 트레일스Star Trails를 설
 치한다.

2 스마트폰을 삼각대로 고정하고 카메라 구도를 잡는다.

3 프로 모드에서 별이 선명하게 찍히도록 ISO 감도와 노출 시간,
 초점 거리를 조정한다.(161쪽 참고)

4 오토매틱 클리커를 실행한다. 클릭 간격과 지속 시간을 1초로
 설정하고, 반투명한 팝업 실행창을 활성화한다.

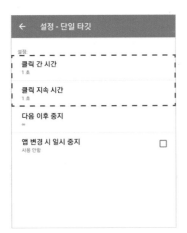

5 카메라 앱으로 전환하고, 오토매틱 클리커 실행창의 클릭 아이
   콘을 카메라 촬영 버튼 위에 둔다.

6 실행창의 재생 버튼을 눌러 자동 촬영을 시작한다.

7 원하는 시간이 지나면 촬영을 종료한다.

8 스타 트레일스를 실행해 사진들을 불러오면 자동적으로 합성된다.

아이폰 촬영

1   나이트캡Night Cap을 설치한다.

2   스마트폰을 삼각대로 고정한다.

3   나이트 캡을 실행하고 스타트레일 모드를 선택한다.

4   별이 선명하게 찍히도록 ISO 감도, 노출 시간, 초점 거리를 조정
     한다.

5   촬영 버튼을 눌러 촬영을 시작한다.

6   원하는 시간이 지나면 촬영을 종료한다.

7   그동안 촬영한 사진은 자동적으로 합성된다.

4부

하늘을 가까이 가져오다

천체망원경의 선택과 사용법

1 | 어두운 별을 보여주는 도구

천체관측에서 빼놓을 수 없는 도구가 바로 망원경이다. 장소만 잘 고른다면 육안으로도 얼마든지 많은 별을 볼 수 있지만, 그럼에도 눈으로는 절대 보지 못하는 별들이 있다. 별과 별 사이의 공간, 검기만 한 그 공간을 망원경으로 들여다보면 있는 줄도 몰랐던 어두운 별들이 보인다. 별에 관심이 생겼다면, 밤하늘에서 더 많은 별들을 보고 싶다면, 망원경을 알아보는 편이 좋다.

천체망원경으로 별을 보여줄 때 가장 많이 듣는 질문은 "이 망원경 얼마예요?"와 "이 망원경으로 어디까지 보여요?"다. 가격이야 알려줄 수 있지만, 망원경으로 어디까지 보이냐는 질문에는 적당한 대답을 할 수 없다. 천체의 관측 가능성은 거리에 따라 달라지는 게 아니기 때문이다. 가까이 있다고 보이는 게 아니고 멀리 있다고 보이지 않는 게 아니다. 화성의 위성인 포보스는 밝기가 어두워서 작은 망원경으로는 보이지 않는다. 하지만 목성의 4대 위성들은 포보스보다 8배는 더 멀리 떨어져 있지만, 밝은 덕에 400년 전 갈릴레이조차 망원경으로 볼 수 있었다. 따라서 "어디까지 보여요?"가 아니라 "얼마나 어두운 천체까지 볼 수 있어요?"라는 질문이 적합하다.

밝은 곳에 있다가 어두운 곳으로 나가 밤하늘을 보면, 처음에는 별이 잘 보이지 않지만 시간이 지나면서 보이는 별들이 늘어난다. 눈이 어둠에 적응하면서 동공이 열려 들어오는 별빛의 양이 증가하기 때문이다. 그렇게 어둠에 적응한 사람의 눈으로는 6등급까지 보이는데, 빛을 모아주는 렌즈의 도움을 받으면 이보다 더 어두운 천체를 관측할 수 있다.

천체망원경에는 크게 2가지 기능이 있다. 빛을 모아 어두운 천체를 밝게 보여주는 기능과, 작은 천체를 크게 볼 수 있게 해주는 기능이다. 전자를 나타내는 것이 망원경의 집광력이고, 후자를 나타내는 것이 망원경의 배율이다.

망원경의 집광력은 빛을 받는 렌즈의 면적이 사람의 동공보다 몇 배나 큰지를 의미한다. 렌즈의 직경을 7로* 나눈 후 이것을 제곱하면 집광력이 나온다.

$$집광력 = \left(\frac{대물렌즈의\ 직경(mm)}{7} \right)^2$$

집광력은 맨눈으로 볼 때보다 몇 배나 밝게 보이는지, 얼마나 어두

---

* 동공의 최대 지름이 7mm 정도이다.

운 별까지를 볼 수 있는지를 결정한다. 구경 70mm 망원경의 집광력은 100이고, 구경 210mm 망원경의 집광력은 900이다. 구경이 3배 커질 때마다 집광력은 9배 증가한다. 맨눈으로는 구름처럼 보이는 은하수도 50mm 구경의 쌍안경을 이용하면 수없이 많은 별들로 구성되었다는 사실을 확인할 수 있다.

망원경의 배율은 대물렌즈의 초점 거리를 접안렌즈의 초점 거리로 나눠서 계산한다. 대물렌즈의 초점 거리가 길수록, 접안렌즈의 초점 거리가 짧을수록 배율이 커진다.

$$배율 = \frac{대물렌즈의\ 초점\ 거리}{접안렌즈의\ 초점\ 거리}$$

그런데 천체망원경의 접안렌즈는 쉽게 교체할 수 있기 때문에, 배율은 고정된 값이 아니고 필요에 따라 언제든지 변경할 수 있다. 대물렌즈의 크기가 같을 때 배율이 높다고 반드시 잘 보이는 것도 아니다. 그러니 배율이 높다고 망원경이 비싼 것도 아니다. 초점 거리가 다양한 접안렌즈를 구비해 두면 다양한 배율로 망원경을 사용할 수 있다.

일반인이 사용하는 망원경의 가격은, 주경**을 품고 있는 경통의 성능(집광력, 정밀도 등)과 망원경을 잡아주는 가대가 결정한다. 가대에 별을 추적하는 장치가 달려 있으면 같은 망원경이라도 가격은 훨씬 더 비싸진다. 비싸다고 해서 모든 상황에 좋은 것도 아니라, 관측하려는

** 망원경에서 빛을 모아주는 주요 장치를 일컫는다. 굴절망원경에서는 대물렌즈, 반사망원경에서는 오목거울을 가리킨다. 주경의 크기는 집광력, 주경의 초점 거리는 배율과 관련 있다.

대상과 사진 촬영 여부에 따라서 망원경을 적절히 선택해야 한다.

천문대에서 사용하는 망원경처럼 자동으로 별을 추적할 수 있고 집광력이 크다면, 수십억 광년 떨어진 외부은하까지 관측할 수 있다. 46억 광년 떨어진 은하의 빛이 지구에 도달하는 데는 46억 년이 걸린다. 그러니 우리는 망원경을 통해서 지구가 막 태어날 무렵의 우주를 볼 수 있다. 천체망원경 주경의 크기가 10m를 넘어서 25m쯤 되면 어떨까? 138억 광년 떨어진 천체도 볼 수 있지 않을까? 어쩌면 138억 년 전 우주가 탄생하는 순간의 모습을 관찰해서 우주가 이렇게 시작되었는지 알 수 있을지도 모른다. 그래서 천문학자들은 점점 더 큰 망원경을 제작한다.

망원경 구조

대물렌즈 · 경통 · 탐색경(파인더) · 접안렌즈 · 필터 · 바로우렌즈 · 가대 · 직각프리즘 · 극축망원경 · 무게 추 · 삼각대

경통　망원경의 주경과 접안렌즈를 연결하는 통.

접안렌즈　눈으로 보는 쪽의 렌즈. 초점에 맺힌 상을 확대한다. 교체가 가능하다.

주경　가장 중요한 렌즈 혹은 거울. 주로 대물렌즈나 오목거울이다.

대물렌즈　빛을 모아 초점에 맺히도록 하는 망원경의 주경. 이 렌즈의 크기와 종류가 집광력과 분해능을 결정할 뿐만 아니라, 망원경의 전반적인 성능을 좌우한다.

탐색경(파인더)　경통에 부착하는 보조 망원경. 저배율에 시야가 넓어 목표물을 찾는 것을 돕는다.

가대(마운트)　망원경의 경통이 흔들리지 않게 잡는 장치. 별을 추적할 수 있도록 한다.

극축망원경　적도의식 가대의 적경축 내부에 위치한 망원경. 망원경의 적경축을 지구의 자전축과 평행하게 맞추기 위해 필요하다.

삼각대　가대가 흔들리지 않도록 잡아주는 장치.

무게 추　망원경을 회전할 때 무게중심을 맞춰주는 추.

필터　빛을 선택적으로 투과·제한·차단한다. 접안렌즈 앞에 부착한다.

직각프리즘　두 면이 지각을 이루고 있는 프리즘. 빛의 이동 방향을 90° 꺾어서 망원경에 비친 천체를 편한 자세로 볼 수 있게 한다. 특히 천정 근처의 천체를 관측할 때 많이 사용한다.

바로우렌즈　망원경의 접안부에 연결해 주경의 초점 거리를 늘려주는 렌즈. 동일한 초점 거리의 접안렌즈를 사용해도 2배 바로우렌즈를 사용하면 배율이 2배 더 증가한다. 경통의 길이가 증가하지 않으면서도 초점 거리가 늘어나는 효과가 있어서, 휴대용 망원경에 자주 사용된다.

2 | 천체망원경의 역사와 미래

망원경은 처음부터 하늘을 보기 위해 만들어지지는 않았다. 1608년에 네덜란드의 안경 제작자 한스 리페르허이는 렌즈 2개를 겹치면 멀리 있는 물체가 가까이 보인다는 사실을 우연히 알아내 인류 최초로 굴절 망원경을 발명했다. 그는 '멀리 보는 통'으로 특허를 청원했으나 야코프 메티우스가 비슷한 시기에 망원경 특허를 신청한 데다 복제가 쉬운 물건이라는 이유로 특허를 받지 못했다.

망원경에 대한 소문은 유럽 전역으로 퍼져나가 갈릴레오 갈릴레이의 귀에도 들어갔다. 그는 1609년에 볼록렌즈와 오목렌즈를 조합한 망원경을 만들어 하늘을 보기 시작했고, 육안으로는 볼 수 없었던 별들을 보았다. 그 시기에 사람들은 달의 표면이 매끄러운 구라고 생각했지만, 갈릴레이는 망원경을 통해 달에도 산과 계곡이 있어 표면이 울퉁불퉁하다는 사실을 알아냈다. 금성의 모양 변화를 관측해 코페르니쿠스의 지동설이 옳다는 것을 증명했고, 목성의 위성들과 토성의 고리

사진 4-1 갈릴레이 망원경.

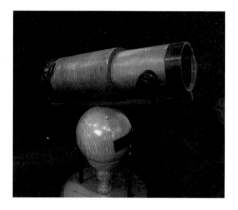

사진 4-2 뉴턴 망원경.

사진 4-3 허셜 망원경.

를 찾아냈다. 태양의 흑점을 발견하고 흑점이 이동하는 것을 보고 태양이 자전한다는 사실까지 알아냈다. 그는 이런 관찰 결과를 꾸준히 기록해 과학의 발전에 기여했다.

1668년 아이작 뉴턴이 거울을 이용해 새로운 형식의 망원경을 개발했다. 뉴턴이 반사망원경을 개발한 뒤로 천체 망원경은 점점 커지기 시작했다. 18세기 후반 독일 태생의 영국 천문학자 윌리엄 허셜은 지름 1.2m의 당시 세계 최대 크기의 대형 반사망원경을 제작했다. 허셜은 이 망원경으로 수백 개의 성운과 이중성을 관측해서 허셜 400이라고 불리는 천체 목록을 만들었고, 은하수가 원반 모양이라는 사실도 알아냈다.

기술이 발달하자 광학유리를 사용한 큰 렌즈가 생산되고 색수차*를 줄여주는 색지움렌즈도 사용되어 굴절 망원경도 대형화되기 시작했다. 현존

---

* 빛의 파장에 따라 렌즈에 맺히는 상의 위치가 변해 초점이 한군데 맺히지 않는 현상.

하는 가장 큰 굴절망원경은 1897년 미국 시카고 여키스 천문대에 설치한, 렌즈 지름 102cm, 경통 길이 19m의 굴절망원경이다. 에드윈 허블을 비롯한 천문학자들이 이곳에서 별의 성분 같은 중요한 연구를 진행했다. 하지만 대물렌즈의 크기가 1m를 넘어가면 렌즈 자체의 무게 때문에 문제가 생겨 더는 대형 굴절망원경이 만들어지지 않는다.

천문학자들은 항상 더 큰 망원경을 추구했고 어둡고 맑은 하늘을 찾았다. 1917년에 만들어진, 반사경 지름이 2.5m(100인치)인 미국 윌슨산 천문대의 후커 망원경은, 약

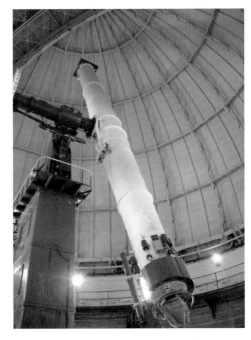

사진 4-4 여키스 천문대 굴절망원경.

30년간 세계 최대의 망원경이라는 지위를 누리며 천문학자들의 기대에 부응했다. 허블은 이 망원경을 이용해서 안드로메다성운에서 세페이드형 변광성*을 발견했다. 이 변광성의 빛 세기 변화를 이용해서 거리를 측정했고, 안드로메다성운이 사실 수천억 개의 별로 이루어진 외부 은하라는 사실을 알아냈다. 허블과 휴메이슨이 은하가 팽창하고 있다는 사실을 발견한 곳도 윌슨산 천문대이다. 윌슨산 천문대는 현대천

---

* 시간에 따라서 밝기가 변하는 변광성의 한 종류다. 주기에 따른 밝기 변화가 규칙적이고 정확하다.

사진 4-5 윌슨산 천문대 후커 망원경.

문학이 시작된 역사적인 장소라고 할 만하다.

여키스 천문대의 굴절망원경을 제작한 조지 엘러리 헤일의 노력으로 1948년 팔로마산에 주경 지름 5m의 대형 망원경이 완성되었다. 천문학자들은 헤일 망원경을 이용해서 우주가 기존에 생각했던 것보다 2배는 더 크다는 사실을 알아내고, 우주 끝에 존재하는 것으로 추측되는 퀘이사**를 관측했다. 1975년 러시아에서 지름 6m의 BTA 망원경을 제작하기 전까지 27년 동안 세계에서 가장 큰 망원경이라는 지위를 누

** 지구에서 관측할 수 있는 가장 먼 거리에 있는 천체로, 강한 에너지를 방출하는 활동 은하이다. 은하의 중심에 위치한 거대한 블랙홀이 주변의 성간 물질을 빨아들이며 거대한 에너지를 방출한다.

사진 4-6 팔로마산 천문대 헤일 망원경.

렸다.

헤일 망원경을 제작하고 나서 한동안 과학자들은 망원경 크기를 키우는 것보다 영상의 질을 높이는 데 집중했다. 광공해가 없고 대기의 간섭을 덜 받는 높은 장소들에 망원경을 설치했다. 디지털 혁명과 광학 기술의 발전으로 여러 개의 반사경으로 이루어진 거대 망원경을 높은 산꼭대기에 건설할 수 있었다.

20세기에 이르러서는 망원경을 설치하기 가장 좋은 장소로 우주 공간이 대두되었다. 로켓 기술이 발전하자 드디어 우주 천문대의 시대가 열렸다. 1990년 허블 우주 망원경이 우주로 발사되었고, 이를 전후

사진 4-7 거대 마젤란 망원경(GMT) 설치 예상도

로 100대 이상의 망원경이 우주로 나가 지구 궤도를 돌며 각자의 임무를 수행하고 있다. 허블 우주 망원경의 구경은 지름이 2.4m에 불과하지만 최상의 천체 영상을 제공하고 있다.

우리나라 최초의 국립천문대는 1978년 해발 1,450m의 소백산 연화봉에 세워졌다. 지름 61cm의 광학망원경이 있는 최초의 현대식 천문대로 현재까지도 연구 활동이 활발히 진행되고 있다. 현재 우리나라에서 가장 큰 광학망원경은 보현산 천문대에 있다. 보현산에 지름 1.8m의 반사망원경이 설치되며 우리나라 천문학 연구가 한층 성장했다.

차세대 초거대 망원경인 거대 마젤란 망원경 GMT, Giant Magellan

Telescope 제작 사업에는 세계 12개 기관과 한국천문연구원이 참여하고 있다. 8.4m 원형 반사경 7장을 벌집 모양으로 배치한 이 망원경은, 구경 25.4m의 단일 반사경과 성능이 동일하다. 이 망원경은 광해가 적고 기후가 안정적인 칠레의 라스 캄파나스 지역에 건설될 예정이다. 2029년 거대 마젤란 망원경이 가동을 시작하면 허블 우주 망원경보다 해상력이 10배나 뛰어난 천체 영상을 제공할 예정이다. 한국천문연구원은 이 망원경이 인류 역사상 가장 먼 우주를 관찰해 우주 생성의 수수께끼를 풀며 천체관측 역사에 한 획을 그을 것이라고 밝혔다.

최근에 개발된 또 다른 형식의 망원경은 전파망원경이다. 인간이 볼 수 있는 빛에는 한계가 있지만, 가시광선 외에도 많은 빛의 파장들이 있다. 긴 파장의 전파를 이용하는 전파 망원경은 날씨에 구애받지 않고도 관측이 가능하고, 만들기도 수월한 편이다. 푸에르토리코에 있는 아레시보 전파천문대에 지름 305m의 전파망원경이 설치되었다. 천문학자들은 1974년 이곳에서 지구인의 소개를 담은 메시지를 헤르쿨레스자리의 M13 구상성단으로 보내기도 했다.

이처럼 한스 리페르허이가 망원경을 만들어낸 이래로 인류는 희미한 빛을 끌어모아 더 먼 곳을 보기 위해 애써 왔다. 망원경은 다양한 렌즈와 거울을 조합해 가며 점점 성능을 높여왔다. 이제는 사람이 볼 수 없는 빛까지 모으고, 인류의 이야기를 우주 공간으로 보낸다. 외계에 있을지도 모를 지적 생명체에게 지구인의 메시지가 전달되었을까?

3 | 망원경의 종류와 원리

망원경은 1609년 갈릴레이에 의해 천체관측용으로 사용된 이후, 성능이 개선되어 현재는 매우 다양한 종류의 망원경이 만들어지고 있다. 기본적으로는 빛을 모으는 방식에 따라 굴절식, 반사식, 반사굴절식의 세 종류로 분류된다.

굴절망원경

굴절망원경은 빛이 볼록렌즈를 통과할 때 굴절되어 한 점에 모이며 상이 맺히는 원리를 이용한다. 접안렌즈로 어떤 렌즈를 쓰느냐에 따라 종류가 달라지는데, 갈릴레이 망원경은 오목렌즈를 쓰고 케플러 망원경은 볼록렌즈를 쓴다.

갈릴레이 망원경은 관측 대상이 똑바로 보인다는 장점이 있지만,

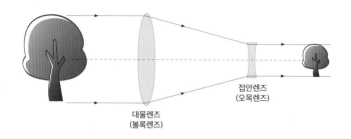

갈릴레이 망원경

대물렌즈
(볼록렌즈)

접안렌즈
(오목렌즈)

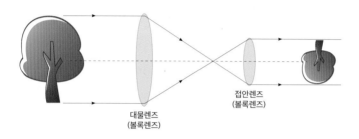

케플러 망원경

대물렌즈
(볼록렌즈)

접안렌즈
(볼록렌즈)

같은 배율에서 케플러 망원경보다 보이는 범위가 훨씬 좁다. 그래서 갈릴레이 망원경은 천체관측용으로는 거의 사용되지 않고, 과학 교재나 오페라글라스처럼 제한적인 용도로 쓰인다. 반대로 케플러 망원경은 상이 거꾸로 보이기는 해도 시야가 넓고 접안렌즈를 교체해서 배율을 조절할 수 있다. 그래서 천체망원경은 대부분 케플러 망원경이다.

똑바로 나아가던 빛은 볼록렌즈를 통과하며 굴절된다. 이때 빛의 파장마다 굴절률이 달라 제각기 다른 위치에 다른 색 빛의 초점이 맺히는 문제가 발생한다. 파장이 짧은 푸른색은 앞쪽에, 파장이 긴 붉은

색은 뒤쪽에 초점이 맺히는데 이를 색수차라고 부른다. 색수차가 심하면 상이 선명하지 못하고, 빛이 무지개처럼 색깔별로 나뉘어 세밀하게 관측하기 어렵다.

볼록렌즈 하나를 대물렌즈로 사용하는 초기 굴절망원경은 색수차를 없앨 수 없었기 때문에 상이 흐렸다. 렌즈가 커질수록 색수차가 심해지기 때문에 망원경 크기를 키우는 데 한계로 작용했다. 그러나 최근에 제작되는 굴절망원경은 색지움렌즈를 사용해 색수차 문제를 해결했다.

굴절망원경의 색수차를 극복하기 위해 개발된 색지움렌즈는 여러 장의 렌즈를 결합해 제작한다. 볼록렌즈와 오목렌즈를 조합하지만 전체적으로는 볼록렌즈처럼 빛을 굴절한다. 유리의 재질과 굴절률이 모두 다르기 때문에 빛이 유리들을 통과하면서 색수차가 줄어든다. 성능에 따라 아크로마틱 렌즈[*], 아포크로마틱 렌즈[**], 슈퍼아크로마틱 렌즈[***], 초저분산 렌즈[****] 등 여러 종류가 있다.

반사망원경

1668년 뉴턴은 초기 굴절망원경의 색수차를 극복하기 위해 반사망원경을 개발했다. 반사망원경은 빛이 오목거울에 반사될 때 초점에 모이

---

[*] achromatic lens. 적색과 청색의 초점이 한곳에 맺히는 렌즈. 가장 기본적인 색지움렌즈다.
[**] apochromatic lens. 적색, 청색, 황색의 광범위한 빛이 한곳에 초점이 맺히는 렌즈.
[***] superachromatic lens. 아포크로마틱 렌즈보다 색수차가 더 보정된 렌즈. 형석 유리로 제작한다.
[****] extra low dispersion lens, ED lens. 색수차 보정 성능이 가장 좋은 렌즈. 전문가용이다.

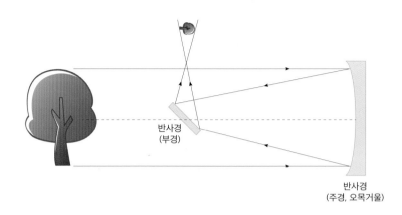

뉴턴식 반사망원경

반사경
(부경)

반사경
(주경, 오목거울)

며 상이 맺히는 원리를 이용한다. 이렇게 맺힌 상을 접안렌즈로 확대
하면 대상을 밝고 크게 관측할 수 있다. 빛이 초점에 모이기까지 두 번
의 반사만 일어나고, 빛이 반사될 때 굴절 과정이 없으므로 색수차가
발생하지 않는다. 굴절렌즈를 만들 때는 유리의 양면을 가공해야 하지
만, 오목거울은 유리의 한 면만 가공하면 되기 때문에 제작이 수월하
다는 장점도 있다. 그래서 같은 크기일 때 색지움렌즈가 장착된 굴절
망원경보다 반사망원경이 저렴하다.

뉴턴식 반사망원경의 원리는 초보자가 쉽게 구입할 수 있는 저가
형부터 천문대용 중형급까지 광범위하게 사용된다. 그러나 반사경의
구경이 커질수록 경통이 지나치게 길어져서 무게가 많이 나가고 관측
위치도 높아진다. 접안렌즈의 위치가 관측 대상과 수직 방향으로 배열
되어 있어, 대상의 위치에 따라 관측 방향이 달라지는 불편함도 있다.

그래서 최근 천문대에서 쓰는 대구경 망원경에는 뉴턴식 반사망원경을 거의 사용하지 않는다.

반사굴절망원경

반사망원경은 오목거울이 포물면이어야만 초점이 정밀하게 맺히고, 굴절망원경은 색수차를 없애기 위해서 색지움렌즈를 사용해야 한다. 망원경의 구경이 커질수록 포물면을 정밀하게 가공하는 것과 색지움렌즈를 제작하는 데 기술적 어려움이 많다. 뿐만 아니라 초점 거리가 긴 망원경일수록 경통의 길이도 비례해서 커진다는 단점도 있다. 그래서 반사망원경과 굴절망원경의 장점을 살린 새로운 망원경이 나왔는데, 바로 반사굴절망원경이다.

반사굴절망원경에는 경통의 앞쪽에서 빛을 굴절시키는 보정판이 있고, 경통의 뒤쪽에는 빛을 모아주는 반사경(주경)이 위치한다. 주경에서 반사된 빛이 보정판에 붙어 있는 또 다른 반사경(부경)에 반사되어 주경 쪽을 향하고, 주경의 중심에 뚫린 구멍을 통과한 후 초점이 맺힌다. 망원경으로 들어온 빛이 초점을 맺기까지 경통을 2번 통과하므로, 초점 거리에 비해 경통의 길이가 짧아진다는 장점이 있다. 반사굴절망원경에는 보정판과 부경이 어떤 형태의 렌즈로 되어 있느냐에 따라 슈미트-카세그레인식과 막스토프식으로 분류된다.

반사굴절망원경은 보정판으로 인해 경통이 밀폐되어 주경의 코팅면이 보호되기 때문에, 반사망원경에 비해 주경의 수명이 길다는 특징

슈미트-카세그레인식 반사굴절망원경

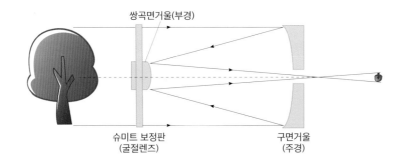

쌍곡면거울(부경)

슈미트 보정판
(굴절렌즈)

구면거울
(주경)

슈미트 보정판-구면거울-쌍곡면거울을 거치며 초점이 맺힌다. 슈미트 보정판의 대량 생산이 가능해지면서, 8인치에서 12인치 정도의 중형급 망원경에는 슈미트-카세그레인식 반사굴절망원경 방식이 가장 많이 쓰인다.

막스토프식 반사굴절망원경

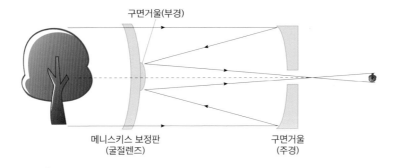

구면거울(부경)

메니스커스 보정판
(굴절렌즈)

구면거울
(주경)

메니스커스 보정판-구면거울-구면거울을 거치며 초점이 맺힌다. 광학적으로 매우 우수해 고배율에서도 선명한 상을 보여준다.

이 있다. 또한 주경이 기류에 영향을 덜 받기 때문에 관측 시 안정된 상을 얻을 수 있다. 같은 구경의 뉴턴식 반사망원경에 비해 경통의 길이가 짧고 무게도 가벼워서, 가지고 다니기에도 편리하다.

4 관측 장비를 고르는 기준

천체를 관측하려면 어떤 망원경을 선택해야 할까? 천체망원경을 고를 때 가장 먼저 고려해야 할 사항은 "어떤 대상을 관측할 것인가?"이다. 비싸고 큰 망원경이라고 해도 모든 대상을 관측하기에 적합하지는 않다. 구슬이 서 말이라도 꿰어야 보배인 것처럼 망원경도 자주 사용해야 의미가 있다. 어디에서 관측할 것인지, 무엇을 관측하고 싶은지에 따라 망원경을 선택해야 한다.

관측 목적에 맞는 천체망원경 고르기

천체망원경으로 관측할 대상은 크게 2가지로 분류할 수 있다. 첫 번째는 달의 크레이터와 계곡, 목성과 토성의 표면 상태, 금성의 위상 변화, 이중성처럼 높은 배율로 크게 보아야 하는 대상이다. 1등성보다도 훨씬 밝은 이런 대상을 볼 때는 굳이 망원경의 집광력이 높을 필요가 없다. 도심의 밝은 하늘에서도 쉽게 보이기 때문에 시골로 여행을 갈 필요도 없다. 가로등 불빛을 막을 수 있는 정도의 장소에서, 구경 100mm 이하의 작은 망원경으로도 행성 표면은 충분히 보인다. 이 대상들을 망원경으로 볼 때는 배율을 높여도 상이 선명한지가 관건이다.

두 번째는 안드로메다은하(M31), 오리온성운(M42), 페르세우스자리 이중성단과 같이 컴컴한 장소에서 관측해야 하는 대상이다. 안드로메다은하는 밝기가 3.4등급으로 우리나라에서 볼 수 있는 가장 밝은 외부은하이지만, 보이는 크기가 보름달보다 6배는 더 커서 면적당 밝기는 매우 약하다. 도심에서는 아무리 큰 망원경으로도 안드로메다은하를 제대로 볼 수 없다. 성운, 성단, 은하처럼 크기는 크지만 어두운 대상을 관측하기 위해서는, 확대 기능이 떨어져도 집광력이 좋고 초점에 맺힌 상의 밝기를 높일 수 있는 구경 150mm 이상의 망원경이 필요하다.

그래서 망원경을 고를 때 F수가 중요하다. F수는 렌즈의 초점 거리를 렌즈의 지름으로 나눈 값으로, 망원경의 특징을 나타는 지표다.

렌즈의 지름이 같아도 F수가 크다면 렌즈의 초점 거리가 더 길다. 렌즈의 초점 거리가 길면 초점면에 맺히는 상이 더 커진다. 초점면에 상이 크게 맺히면 접안렌즈로 배율을 높일 때 상의 선명도가 유지된다. 즉 F수가 크면 상이 선명해진다. 초점에 맺힌 상은 커졌는데 렌즈로 들어오는 빛의 양이 동일하다면, 면적당 밝기는 떨어질 것이다. 다시 말해 같은 구경에서 F수가 클수록 대상이 크고 선명하게 보이지만, 밝기는 어두워진다. 그래서 첫 번째 대상(달, 행성)처럼 밝은 천체들을

사진 4-8 행성과 달처럼 밝은 천체를 볼 때 쓸 망원경은 선명도가 중요하다.

사진 4-9 은하와 성운처럼 어두운 천체를 볼 때 쓸 망원경은 집광력이 중요하다.

관측할 때는 F수가 8 이상인, 선명하지만 어두운 망원경이 유리하다.

반대로 같은 구경에서 F수가 작아지면 초점 거리가 짧아져서 맺히는 상의 크기는 작아진다. 상의 크기가 작아서 배율을 높이는 데는 불리하지만, 렌즈로 들어온 모든 빛이 좁은 곳에 집중되므로 밝기는 높아져서 어두운 대상이 밝게 보인다. 그러니 크지만 어두운 두 번째 대상(성운, 성단, 은하)을 관측할 때는 선명도는 떨어져도 밝은, F수가 6 이하인 망원경이 유리하다. 성운, 성단, 은하를 관측할 때는 망원경의 선명도가 다소 떨어져도 문제가 되지 않는다.

망원경의 구경은 클수록 좋다. 구경이 커지면 그만큼 어두운 천체를 관측할 수 있고 분해능˚도 향상된다. 그렇지만 망원경의 활용 빈도와 금전적 비용, 기동성을 고려하면 무작정 구경이 큰 망원경만을 고집할 수는 없다. 천체관측을 막 시작한 초보자라면 80~100mm 정도의 굴절망원경이나 100~150mm 정도의 반사망원경을 구입해 일상적으로 달과 행성을 자주 관측하는 것부터 시작하자.

대상별 적합한 망원경

	밝은 천체	어두운 천체
관측 대상	달의 표면, 목성, 토성, 금성, 이중성	안드로메다은하, 오리온성운, 페르세우스자리 이중성단
중요한 것	선명도	집광력, 밝기
구경	큰 상관없음 (80mm 이상 추천)	150mm 이상
F수	8 이상	6 이하

˚ 인접한 2개의 대상을 2개로 구별할 수 있는 능력. 즉 가까이 붙어 있는 이중성을 2개의 별로 구분해 볼 수 있도록 해주는 능력이다. 대물렌즈의 크기가 클수록 분해할 수 있는 각이 작아져서 분해능이 좋다.

기동성을 챙기는 쌍안경

천체관측이라고 하면 대부분 커다란 망원경을 떠올리지만 때로는 쌍안경을 이용하기도 한다. 쌍안경은 천체망원경에 비해 집광력과 배율 등의 성능은 떨어지지만, 대신 기동성이 좋고 시야가 넓다. 관측지의 밤하늘 풍경을 조망하거나 관측 대상의 위치를 살피는 데는 최적의 도구다. 성능이 떨어진다고는 해도 천체관측에 최적화된 쌍안경을 삼각대에 고정하면 목성의 위성과 토성의 고리까지 볼 수 있다. 안드로메다은하(M31), 플레이아데스성단(M45), 히아데스성단 등 상대적으로 밝고 큰 성운, 성단, 은하를 관측하는 데 쌍안경을 활용하면, 초보자도 밤하늘의 아름다움과 신비로움을 충분히 느낄 수 있다.

쌍안경의 몸체에는 배율이 쓰여 있다. 가령 '10×50'이라고 쓰여 있다면 배율이 10배에 대물렌즈 구경이 50mm라는 뜻이다. 우리 눈의

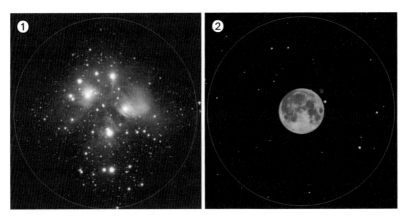

사진 4-10　25배 쌍안경으로 볼 때(2°)　① 플레이아데스 성단　② 달

용도별 적합한 쌍안경

용도	배율×구경
별자리 위치와 모양 확인	2×40
별 상세 관측	10×50
어두운 천체 관측	25×100

최대 동공 크기는 7mm이니, 구경 50mm 렌즈는 동공보다 7배 정도 더 큰 면적으로 빛을 모으는 셈이다. 집광력은 면적의 제곱에 비례한다. $(50/7)^2$으로 계산해 보면 50mm 렌즈가 눈보다 50배는 더 많은 빛을 모을 수 있다. 따라서 '10×50' 쌍안경은 우리 눈보다 10배 크고 50배 더 밝게 보는 왕눈이인 셈이다.

쌍안경 배율이 커질수록 보이는 범위는 좁아지고, 구경이 클수록 빛을 많이 모아 어두운 별을 밝게 관측할 수 있다. 20×30과 같이 배율은 크고 구경이 작은 쌍안경은 낮에 지상을 관측하는 데 유리하지만, 어두워서 별 보기에는 적당하지 않다. 밤하늘을 볼 때는 구경이 큰 쌍안경을 쓰는 게 좋다. 2×40 쌍안경으로는 별자리를 확인하고, 10×50 쌍안경으로는 별들을 자세히 보고, 25×100 쌍안경으로는 어두워서 보이지 않던 별들과 성운, 성단, 은하를 본다. 다양한 쌍안경을 사용한다면 우주에 좀 더 다가갈 수 있다.

쌍안경의 배율이 커지면 보이는 별이 흔들려 관측이 어려워진다. 그래서 배율 큰 쌍안경은 고정용 장치인 비노홀더와 삼각대를 이용하는 게 좋다. 삼각대로 쌍안경을 고정해 놓고 관측한다.

쌍안경을 쓸 때는 두 눈을 사용하기 때문에 별이 2개로 보이기도

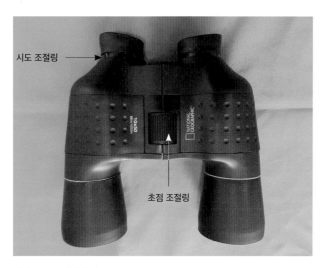

사진 4-11 쌍안경의 구조

한다. 좌우 구경의 간격이 내 눈과 맞지 않아서 생기는 일이다. 좌우 구경의 각도와 간격을 조정해 별이 하나로 보이도록 하면 된다. 접안렌즈 2개를 동시에 움직이는 초점 조절링과, 한쪽 접안렌즈를 조정해 양쪽의 초점을 일치시키는 시도 조절링으로 초점을 맞춘다.

별을 쉽게 찾기 위한 필수 장치, 가대와 삼각대

천체망원경은 기본적으로 배율이 높고 시야가 좁다. 망원경 경통을 손으로 들고 밤하늘을 보면 별 하나를 제대로 찾을 수 없다. 설령 목성 같은 밝은 행성을 찾았다 해도 망원경이 흔들리면 초점을 맞추기도 어렵고 금방 시야에서 벗어나 버린다. 아무리 크고 값비싼 렌즈를 쓰는 망원경이라도 상이 흔들리면 관측을 제대로 할 수 없다. 그래서 가대와 삼각대가 필요하다.

천체망원경의 경통을 고정하는 가대(마운트)는 경통과 삼각대를 연결하고 움직임을 조절하는 장치다. 가대는 움직이는 방식에 따라 경위대식과 적도의식으로 구분한다.

경위대식 가대altazimuth mount는 지평면을 기준으로 좌우로 회전하고, 경통을 지평면에서 수직 방향으로 움직여 대상을 찾는다. 이런 동작 방식은 지면에서 수평 생활을 하는 인간에게 익숙하다. 경통을 상하좌우로 움직일 수 있으므로 수동으로 천체를 찾을 때 편리하다. 조작이 쉬워 초보자도 별을 잘 찾을 수 있지만, 일주 운동을 하며 움직이는 천체를 추적하는 데는 불편하다. 곡선으로 운행하는 천체를 따라가려면 상하와 좌우 두 축을 모두 움직여야 하기 때문이다. 그래서 연구에 사용하는 대형 망원경은 자동 추적 장치가 달린 경위대식 가대를 사용하기도 한다. 삼각대가 필요 없는 돕소니안 망원경은 경위대식 가대를 사용한다.

적도의식 가대equatorial mount에는 회전축이 2개 있다. 그중 하나는 지구의 자전축과 평행하다. 적도의식 가대를 쓸 때는 관측지의 위도에 따라 극축(적경축)을 천구의 북극(북극성)에 맞추는 극축 조정 작업을 꼭 해야 한다. 극축 조정 작업을 하고 나면, 적경축과 적위축을 회전시켜 별을 찾은 후 적경축만 회전시켜 계속적으로 별을 추적할 수 있다. 일주 운동을 하는 천체의 추적이 용이해 특정한 대상을 오랜 시간 관측한다면 적도의식 가대가 편리하다. 그러나 경위대식과 달리 상하 좌

경위대식 가대(돕소니안 망원경)   적도의식 가대

우로 움직이지 않기 때문에, 초보자가 눈에 보이는 별을 찾는 데는 어려움이 따를 수 있다.

삼각대는 가대와 경통을 지지하는 망원경의 다리 부분이다. 삼각대가 튼튼해야 무거운 가대와 경통을 안정적으로 지지해 흔들리지 않는다. 삼각대에는 자동 추적 장치 컨트롤러 등을 걸어두거나, 중앙 플레이트에 접안렌즈를 놓아두는 등 관측에 필요한 액세서리들을 임시로 거치해 둘 수도 있다.

망원경은 구조가 복잡하고 세밀한 기구라 선뜻 조립할 용기가 나지 않을 수도 있다. 원리를 알고 조금만 주의를 기울이면 직접 망원경을 조립해 아름다운 밤하늘을 만끽할 수 있다. 모델과 종류마다 조립 방법이 조금씩 다르기는 하지만 기본적인 설치 과정은 동일하다. 기본 과정을 안다면 어떤 천체망원경이든 수월하게 설치할 수 있을 것이다.

천체망원경 설치 과정 참고 영상

1　넓고 평평한 곳에 삼각대를 세운다.

2　삼각대에 가대를 끼우고 고정한다.

3　가대에 균형추를 부착한다.

4　경통을 가대에 고정하고 ① 탐색경(파인더)과 ② 접안렌즈를 설
　치한다.

접안렌즈는 초점 거리가 긴 것을 선택한다.

5   균형추로 경통과 가대의 무게 균형을 잡아 망원경 전체의 균형
    을 맞춘다.

6   탐색경을 정렬한다.

  • 5번 과정으로 무게 균형을 맞추었으면 망원경으로 별을 쉽게 찾기 위해 탐색경(파인
    더)을 정렬해야 한다. 천체망원경의 주경은 시야가 너무 좁아서 별을 찾기 어렵다. 따
    라서 넓은 하늘을 볼 수 있는 저배율 탐색경이 망원경 본체에 부착되어 있다. 탐색경
    으로 별을 먼저 찾은 후 주 망원경의 배율을 높여가며 관측하는 것이다.

  • 탐색경의 중심부에 있는 별이 주 망원경의 시야에 들어오도록 조정하는 작업을 탐색
    경 정렬이라 한다. 탐색경 정렬은 밝은 곳에서 진행한다. 망원경 중앙에 있는 물체가
    탐색경에 보이도록 조정한다. 그 상태로 물체가 탐색경 중앙에 위치하도록 탐색경 고
    정 볼트를 돌려 위치를 맞춘다.

7   적도의식 가대의 경우 적경축이 북극성을 향하도록 극축을 정
    렬한다.

소형 천체망원경으로 볼 수 있는 딥스카이 천체

맨눈으로 밤하늘을 보면 달과 행성, 그리고 별이 전부인 것 같다. 그런데 달빛조차 없는 캄캄한 밤하늘을 보면, 별과 별 사이에 희미한 구름 조각 같은 것들이 있다. 망원경으로 관측해 보니 일부는 다닥다닥 모인 별들이고, 일부는 우주에 있는 구름이었다. 전자는 수십 개에서 수십만 개의 별들이 모여 있는 성단이고, 후자는 태양계보다 넓은 영역에 수소와 헬륨 등의 우주 먼지가 모여 있는 성운이다. 개중에는 외부은하도 있다. 외부은하는 수천억 개의 별과 성운으로 구성되어 있지만, 너무 멀어서 성운처럼 보인다. 안드로메다은하도 그 거리를 측정하기 전까지는 외부은하라는 것을 알 수 없었기 때문에 안드로메다성운이라 불렸다. 이렇게 밤하늘 깊은 곳에서 빛나는 천체들을 별지기들은 특별히 딥스카이deep-sky 천체라 부른다. 이런 딥스카이 천체들을 망원경으로 하나씩 찾다 보면 천체관측의 재미는 배가 된다.

밤하늘에서 무엇을 찾아봐야 할지 모르겠다면, 천문학자들이 정리한 천체 목록을 참고해 보자. 천체 목록에는 여러 가지가 있는데, 가장 대표적인 천체 목록으로 메시에 목록을 꼽을 수 있다. 프랑스의 천문학자 샤를 메시에는 110개의 천체에 번호를 붙여 정리했는데, 주로 'M숫자' 형식으로 표기한다. 비교적 밝은 천체들이라 초보자가 찾아보기에 적당하다. NGC New General Catalogue 목록도 자주 만날 수 있다. 1888년에 존 루이스 에밀 드라이어가 허셜이 남긴 성운·성단 목록을 바탕으로 7,840개의 성운·성단·은하를 정리한 목록이다. 아마추어 천문가가 망원경으로 볼 수 있는 대부분의 천체가 포함되어 있다. 이외에도 멜로테 목록 등이 있다.

성운, 성단, 은하 관측은 무한한 시간과 공간으로 이루어진 우주의 신비를 맘껏 느낄 수 있는 방법이다. 밤하늘의 아름다움을 만끽해 감수성을 키우고 창의력을 기르는 것은 덤이다. 이런 천체는 실제로는 항성과 비교할 수 없을 만큼 크고 밝지만, 워낙 멀리 떨어져 있어서 맨눈으로 관측하기에는 어둡다. 그렇지만 구경 50mm 쌍안경이나 100~150mm 정도의 천체망원경으로도 찾아볼 수 있는 천체들이 있다.

천체 목록의 수많은 천체들 중에서 소형 천체망원경으로 쉽게 찾을 수 있는 대상을 선정했으니, 망원경을 들고 나간다면 이 천체들을 찾아보자.

봄철 별자리의 딥스카이 천체

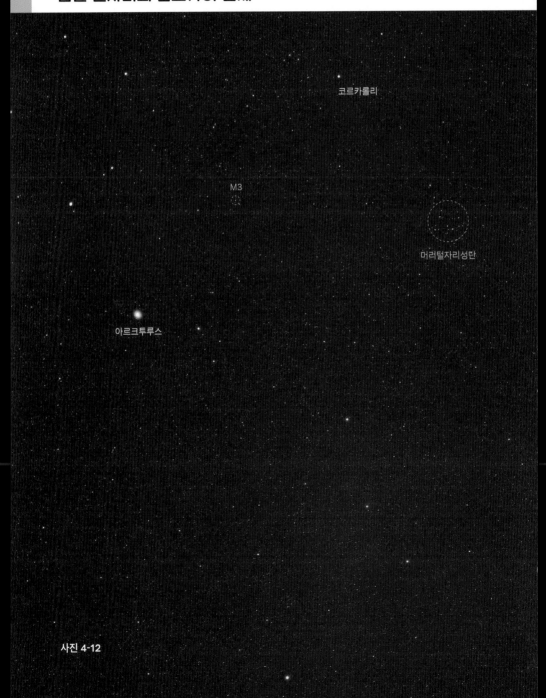

코르카롤리

M3

머러털자리성단

아르크투루스

사진 4-12

사진 4-13

M3

쌍안경이나 망원경으로 목동자리의 아르크투루스를 찾은 뒤 사냥개
자리의 알파성 코르카롤리 쪽으로 천천히 시선을 돌려보자. 중간 지점
에서 희미하게 빛나는 구상성단을 찾을 수 있다. 3만 4,000년 전에 출
발한 빛이라는 점을 생각해 보면 이 구상성단의 모습이 예사롭지 않게
느껴질 것이다.

별자리	목동자리
분류	구상성단
겉보기 등급	6.2
지구와의 거리	34,000광년

사진 4-14

머리털자리 성단(Mel 111)

맑은 날 육안으로 머리털자리 근처를 보면 밝은 빛이 퍼져 있는 것 같
다. 어두운 별 40여 개가 모여 있으며, 쌍안경으로 보면 수많은 별이
보인다. 신에게 바친 왕비의 머리카락이라는 이야기가 있다. 가운데 V
자로 늘어선 별무리를 찾아보자.

별자리	머리털자리
분류	산개성단
겉보기 등급	1.8
지구와의 거리	300광년

여름철 별자리의 딥스카이 천체

사진 4-15

사진 4-16

알비레오

여름철에 남쪽을 향해 은하수 위를 날고 있는 커다란 십자 모양의 백조자리를 찾기는 어렵지 않다. 근방의 밝은 1등성 직녀성(베가)과 견우성(알타이르) 사이에 백조의 부리에 해당하는 알비레오가 있다. 알비레오는 밤하늘에서 가장 아름다운 쌍성으로, 맨눈으로는 하나의 별로 보이지만 망원경으로 보면 노란 별과 파란 별로 나뉜다.

별자리	백조자리
분류	이중성
겉보기 등급	3.2
지구와의 거리	410광년

헤르쿨레스자리 구상성단(M13)

북반구에서 볼 수 있는 가장 크고 화려한 구상성단이다. 10만 개가 넘는 늙은 별이 둥근 모양으로 밀집되어, 수많은 별을 한눈에 감상할 수 있다. 헤르쿨레스자리 찌그러진 H자 모양의 서북쪽 변을 이루는 두 별 사이에 있다. 위치를 정확히 안다면 맨눈으로도 뿌연 모습이 보인다. 여름밤에 천정 높이 오르므로 누워서 쌍안경으로 관측하기에 좋다.

별자리	헤르쿨레스자리
분류	구상성단
겉보기 등급	5.8
지구와의 거리	25,000광년

사진 4-18

M4

은하수 남쪽 끝자락에 걸린 전갈자리 안타레스의 서쪽에서 희미한 별 무리를 찾을 수 있다. 누구에게나 별이 아닌 천체로 보이는 이 구상성 단 M4는 초보자가 가장 찾기 쉬운 구상성단이다. 성단 중심부의 밀도 가 상대적으로 낮아 작은 망원경으로도 성단을 구성하는 별들을 하나 하나 볼 수 있다.

별자리	전갈자리
분류	구상성단
겉보기 등급	5.9
지구와의 거리	7,200광년

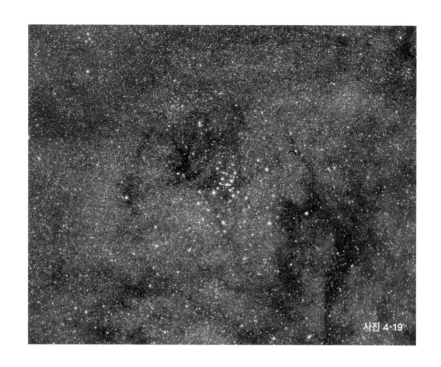

사진 4-19

프톨레마이오스성단(M7)

보름달보다 크고 맨눈으로 보일 만큼 밝아서 전갈자리의 꼬리와 궁수
자리 사이에서 쉽게 찾을 수 있다. 프톨레마이오스가 별과 다르게 보
이는 밤하늘의 천체 7개를 기록했는데, 그중 하나가 M7이다. 100여 개
의 별로 구성된 산개성단으로 화려한 모습을 뽐낸다.

별자리	전갈자리
분류	산개성단
겉보기 등급	3.3
지구와의 거리	800광년

궁수자리 구상성단(M22)

쌍안경으로 관측하기 가장 편한 구상성단이다. 궁수자리는 주전자를 닮아 있는데, 주전자 뚜껑 손잡이에 해당하는 람다(λ)성을 먼저 찾는 다. 궁수자리 람다성을 쌍안경 시야의 오른쪽에 두고 보면 왼쪽에 M22 가 자리 잡고 있다. 여름철 별자리의 대표적인 관측 대상인 M13보다 더 밝고 환하다.

별자리	궁수자리
분류	구상성단
겉보기 등급	5.1
지구와의 거리	10,000광년

사진 4-21

삼렬성운(M20)

성운이 3개로 나뉜 것처럼 보이기 때문에 삼렬성운三裂星雲, Trifid Nebula 이라는 이름이 붙었다. 궁수자리 람다(λ)성에서 북서쪽으로 8° 정도 떨어진 곳에 있다.

바로 아래에 석호성운(M8)도 자리 잡고 있다.

별자리	궁수자리
분류	발광성운
겉보기 등급	6.3
지구와의 거리	2,000~9,000광년

가을철 별자리의 딥스카이 천체

안드로메다은하

알페라츠

마르카브   M15

에니프

사진 4-22

사진 4-23

M15

밀도가 높은 구상성단으로 별이 10만 개 이상 빽빽하게 들어차 있다.
페가수스자리 사각형의 남서쪽 모서리인 마르카브에서, 남쪽 밑변 길
이만큼 서쪽으로 이동하면 2.4등급의 에니프가 있다. M15는 에니프 근
처에서 찾을 수 있다.

별자리	페가수스자리
분류	구상성단
겉보기 등급	6.2
지구와의 거리	33,600광년

사진 4-24

안드로메다은하(M31)

우리은하와 가장 가까운 대형 외부은하이다. 페가수스자리 사각형의
북동쪽 모서리인 알페라츠에서 동쪽의 안드로메다자리로 이어지는 별
들 중 세 번째 별을 찾는다. 거기서 북쪽으로 세 번째 별 근처에 있다.
크기가 보름달의 6배에 달하기 때문에, 소형 망원경으로도 은하의 웅
장함을 감상할 수 있다.

별자리	안드로메다자리
분류	외부은하
겉보기 등급	3.4
지구와의 거리	2,500,000광년

겨울철 별자리의 딥스카이 천체

사진 4-25

M41

시리우스에서 남쪽으로 4° 떨어진 곳에 있다. 보름달 크기 정도 되는 영역에 별들이 흩어져 있어 육안으로도 확인 가능하며, 망원경으로 보면 100여 개의 별들을 관측할 수 있다.

별자리	큰개자리
분류	산개성단
겉보기 등급	4.5
지구와의 거리	2,300광년

사진 4-27

M36

마차부자리 오각형의 남쪽 꼭짓점이자 황소자리 베타(β)성인 엘나스에서 북동쪽으로 5~7° 정도 떨어진 곳에 있다. 소형 망원경으로 60여 개의 별을 관측할 수 있다.

산개성단 M37-M36-M38은 남동쪽에서 북서쪽 방향으로 일렬로 나란히 배치되어 있다. M36에서 2~3° 떨어진 곳에 있는 M37과 M38도 찾아보자.

별자리	마차부자리
분류	산개성단
겉보기 등급	6.3
지구와의 거리	4,100광년

사진 4-28

플레이아데스성단(M45)

지구에서 가장 가까운 산개성단 중 하나로, 육안으로 확실히 알아볼 수 있다. 동양에서는 좀생이별, 서양에서는 일곱자매별로 알려졌다. 워낙 크고 밝아서 배율이 낮은 쌍안경이나 망원경의 탐색경으로 봐야 전체 모습이 보인다.

별자리	황소자리
분류	산개성단
겉보기 등급	1.6
지구와의 거리	445광년

사진 4-29

오리온성운(M42)

밝고 화려해 육안으로도 볼 수 있어 오리온 대성운이라고도 불린다. 오리온자리의 허리띠에 해당하는 세 별 아래로 나란히 늘어진 작은 별 셋이 보이는데, 거기 중간별에 바로 오리온성운이 있다. 성운 중심부에 사다리꼴성단(트라페지움)이라는 작은 산개성단이 있는데, 망원경으로 보면 별 4개가 사각형을 이룬다.

별자리	오리온자리
분류	발광성운
겉보기 등급	4
지구와의 거리	1,500광년

사진 4-30

프레세페성단(M44)

겨울철 별자리의 동쪽 끝자락에 위치한 산개성단으로 프레세페성단
또는 벌집성단으로 알려져 있다. 쌍안경으로 보면 수많은 별이 한 시
야에 들어오고, 육안으로도 많은 별이 박혀 있다는 게 느껴진다. 겨울
철의 유명한 산개성단인 히아데스성단과 비슷한 시기에 생성된 것으
로 추정된다. 게자리는 황도상의 별자리이므로 행성이나 달이 이 성단
과 조우하기도 한다. 기회가 된다면
산개성단 앞을 지나는 행성이나 달
을 관측해 보자.

별자리	게자리
분류	산개성단
겉보기 등급	3.7
지구와의 거리	600광년

북쪽 하늘의 딥스카이 천체

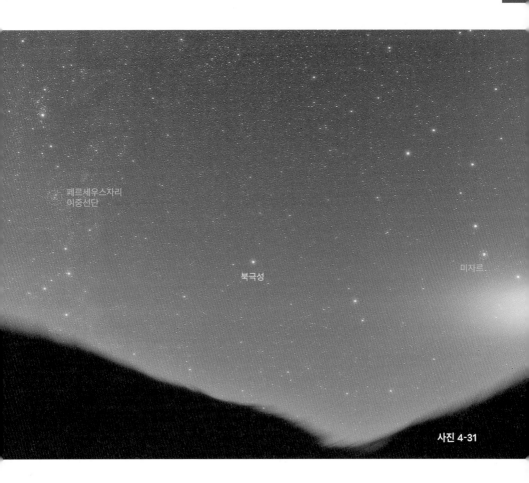

페르세우스자리
이중성단

북극성

미자르

사진 4-31

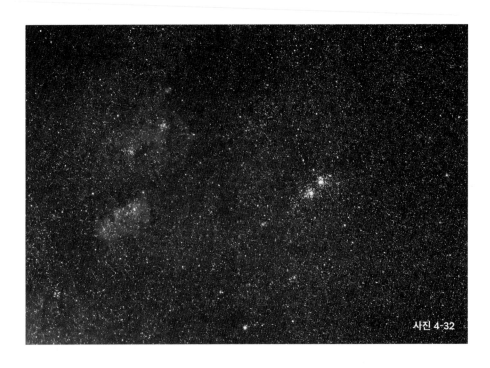

사진 4-32

페르세우스자리 이중성단(ngc884, ngc869)

200~400개 정도의 별로 구성된 산개성단 2개가 바로 옆에 붙어 있어 망원경으로 보면 시야가 별로 꽉 찬다. 맨눈으로 보일 만큼 밝아서 기원전 130년 히파르코스의 기록에도 이 천체가 나와 있다. 카시오페이아자리와 페르세우스자리 사이에 있다.

별자리	페르세우스자리
분류	산개성단
겉보기 등급	3.7
지구와의 거리	7,600광년

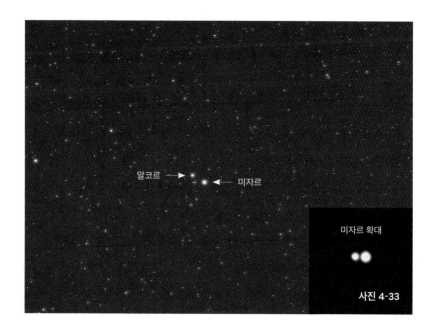

알코르 → ← 미자르

미자르 확대

사진 4-33

미자르

북두칠성 손잡이의 끝에서 두 번째 별을 찾아보자. 시력이 좋은 사람
들에게 이 별은 2개로 보여서, 로마 시대에는 이 별로 시력을 측정하기
도 했다. 두 별 중 밝은 쪽이 미자르이고 어두운 별이 알코르이다.

그런데 미자르와 알코르를 망원경으로 보면 별이 3개로 보인다. 미
자르가 2개로 나뉘는데, 이처럼 함께 태어나 서로를 도는 별을 쌍성이
라고 한다. 미자르는 인류가 처음 알아낸 쌍성이다.

별자리	큰곰자리
분류	이중성
겉보기 등급	2
지구와의 거리	80광년

5부

하늘을 이해하다

천문 현상의 과학적 원리

1 | 천문 현상과 우리의 삶

최근 천문학은 초신성 폭발과 블랙홀의 생성, 지구와 비슷한 외계 행성, 우주를 가속 팽창시키는 암흑에너지의 정체 등을 주로 연구한다. 이런 천문 현상은 대부분 지구 밖에서 일어나고 있기 때문에 사람들은 대부분 천문학을 일상과 동떨어진 학문으로 여긴다. 그런데 지구 밖에서 일어나는 일들이 정말 우리와 상관이 없을까?

태양은 낮과 밤을 만들어내고, 태양의 남중고도 평균값은 지역의 기후를 결정한다. 태양이 뜨는 위치에 따라 낮의 길이가 달라지고 계절이 변한다. 도시인에게 달은 단순히 밤하늘의 밝은 천체일지 몰라도, 바닷가에 사는 사람들에게 달은 삶의 일부이다. 달의 모양과 위치에 따라 해수면의 높이가 달라지고, 만조와 간조의 시각이 변한다. 인간의 생활양식에 절대적인 영향을 미치는 기후가 천문 현상에 따라 달라진다. 우주의 일들은 문명의 발생과 발전에 영향을 미친다.

지구에 더 직접적이고 파괴적인 영향을 미치는 천문 현상도 있다.

우주를 떠돌던 천체가 지구로 낙하하는 운석·소행성 충돌이 그것이다. 2억 년간 지구를 지배했던 공룡이 갑자기 멸종한 것도, 멕시코의 유카탄반도에 떨어진 소행성으로 기후가 변화했기 때문이다. 1908년 러시아 퉁구스카 상공에서 소행성이 폭발해 나무 8,000만여 그루가 있는 숲이 파괴되었다. 파괴된 숲에서 약 1,500마리의 순록 사체가 발견되었고, 현장에서 15km 떨어진 곳에서 방목하던 가축들도 불에 타 죽었다. 2013년에도 러시아 첼랴빈스크에서 운석 낙하로 1,200명이 부상당했고 350억 원의 피해가 발생했다.

이처럼 하늘의 일은 지상에 다양한 영향을 끼치며 우리 삶과 밀접한 관계가 있다. 그래서 인류는 오래 전부터 하늘에서 일어나는 천문 현상에 관심을 가져왔다. 이제 마지막 빙하기 이후 찬란한 문명을 이뤄온 인류가 환경의 지속가능성을 고민해야 하는 시대가 되었다. 우주는 그 해답을 품고 있을지도 모른다. 현재를 살아가는 우리가 또다시 하늘에 길을 묻기 위한 첫걸음은 일상생활에서 쉽게 접할 수 있는 천문 현상의 원리를 이해하는 것부터 시작된다.

2 | 천체가 그렇게 보이는 이유

스스로 빛을 내는 별(항성)들은 무척이나 멀리 떨어져 있기 때문에, 아무리 큰 망원경이 있어도 별의 모양과 크기를 확인할 수 없다. 별들은 너무 멀리 있기 때문에 실제로는 빠르게 움직이고 있는데도 우리가 볼 때는 별들끼리의 위치와 거리가 변하지 않는다. 지구에서 볼 때 별자리는 늘 같은 모양을 하고 있다. 반면 행성과 달은 지구와 가깝기 때문에 망원경으로 모양과 크기를 확인할 수 있다. 행성과 달은 태양 빛을 반사해 빛나기 때문에, 태양과의 위치에 따라서 모양과 밝기가 달라진다. 태양이나 지구를 도는 속도에 따라서 하늘에서의 위치 또한 변화무쌍하게 변한다.

이처럼 천체들의 모습에는 다 이유가 있다. 천체들이 우리 눈에 왜 그렇게 보이는지 자세하게 살펴보자.

낮에는 왜 별을 볼 수 없을까?

새벽녘 동쪽 지평선 부근이 밝아지면 밝은 별이 하나둘 사라진다. 아침이 되면 서쪽 하늘의 별마저 보이지 않게 된다. 낮에는 아무리 밝은 별도 맨눈으로는 보이지 않는다. 하지만 낮이라고 별이 빛을 잃고 사라진 것은 아니다. 별은 항상 빛나고 있지만 낮에는 하늘이 밝아서 보이지 않을 뿐이다.

지구 대기권으로 들어온 태양 빛이 공기를 떠다니는 먼지에 부딪치면 산란한다. 그래서 낮에는 태양이 있는 쪽 하늘은 물론이고 반대편 하늘까지 밝아진다.

태양 빛에는 적외선, 자외선 등 다양한 파장의 빛이 포함되어 있다. 그중 눈에 보이는 빛인 가시광선은 흔히 무지개색이라고 하는 다양한 색의 스펙트럼을 보여준다. 파장이 긴 붉은색 빛은 큰 입자를 만나지 않는 한 수백km의 대기층을 뚫고 멀리 퍼져가지만, 파장이 짧은 푸른색 빛은 작은 입자에도 쉽게 산란해 경로가 바뀐다. 그래서 날씨가 맑고 먼지가 적은 날에 붉은색 빛은 우주로 빠져나가고, 푸른색 빛은 공기 중의 미세한 입자에 산란해 지표면으로 되돌아온다. 그래서 날씨가 좋을수록 푸른색 빛만 산란되어 우리 눈에 들어와서, 하늘이 더욱더 파랗게 보인다.

지구 대기권의 두께는 지표면에서부터 1,000km 정도 되지만, 공기 밀도가 높아서 기상 현상이 일어나는 대류권은 지상에서부터 12km까지이고, 오존층이 있는 성층권은 지상 50km 정도까지다. 이후 중간권(약 80km)을 지나 열권에 도달하는데, 이곳은 공기 밀도가 너무 낮아서

파장이 짧은 파란색 빛도 산란하지 않고 모두 우주로 빠져나간다. 그래서 열권에서 지구를 돌고 있는 허블 우주 망원경(궤도 높이 540km)이나 국제우주정거장(ISS, 궤도 높이 408km)에서 바라본 하늘은 낮에도 캄캄하다. 우주선에서는 태양 방향이 아니라면 낮에도 별을 볼 수 있다. 비슷한 현상이 공기가 없는 달의 표면에서도 일어난다. 달에서는 낮에도 빛이 산란하지 않아 하늘이 캄캄하기 때문에 별이 보인다.

사진 5-1 허블 우주 망원경.

사진 5-2 달에서 본 지구. 달은 대기가 없어 낮에도 하늘이 캄캄하다.

지평선 위의 달은 왜 더 커 보일까?

하늘 높이 뜬 해와 달은 10원짜리 동전보다 작아 보인다. 그렇지만 새해 첫날 아침 일찍 떠오르는 해를 보고 있자면 해가 너무나도 크게 보인다. 달도 마찬가지다. 추석 저녁에 소원을 빌기 위해 보름달을 찾아보면 깜짝 놀랄 만큼 크다. 이처럼 해와 달은 지평선 바로 위에 있을 때, 지상의 물체와 함께 보일 때 더욱 커 보인다.

그런데 사진을 찍어보면 지평선 근처에 있을 때나 하늘 높이 떠 있을 때나 달의 크기는 동일하다. 즉 해와 달이 지평선 근처에서 커 보이는 건 느낌일 뿐이다. 천체의 실제 크기가 동일함에도 때에 따라 크기가 달라 보이는 것은 눈의 착시 현상 때문이다.

착시 종류 중에 티치너 착시라는 착시 현상이 있다. 동일한 크기의 물체가 작은 물체 옆에 있을 때 크게, 큰 물체 옆에 있을 때 작게 보이는 현상이다.

달이 하늘 높이 떴을 때는 주변에 비교되는 건물이나 자연물이 없다. 나무나 건물이 시야에 달과 함께 들어오는 경우, 그 나무나 건물은 달에 비해 훨씬 가까이 있고 훨씬 크다. 큰 사물이 달과 함께 보이면 달이 상대적으로 더 작게 느껴진다. 반면 달이 지평선에 가까울 때는 멀리 있는 건물이나 나무와 함께 보인다. 멀리 있는 산과 나무, 건물은 매우 작기 때문에 작은 물체와 함께 있는 달이 상대적으로 커 보인다.

거리 착시는 멀리 있는 물체일수록 크게 인식하는 현상을 의미한다. 인간의 뇌는 시신경이 전달한 정보를 해석할 때, 거리를 고려해서 물체의 크기를 짐작한다. 그래서 멀리 있는 물체가 보이는 것보다 크

사진 5-3 지평선의 달은 나무와 비교되어 더 크게 느껴진다.

다고 여긴다. 뇌는 머리 위에 떠 있는 달보다 지평선 너머에 있는 달이 멀리 있다고 느끼고, 그래서 더 크다고 착각한다. 특히 달과 비교되는 물체의 거리를 느낄 수 있을 때 그 착각이 커진다. 천정 부근에서 달과 함께 보이는 가까이 있는 나무나 건물보다, 멀리 지평선 부근에 있는 산과 건물들이 훨씬 크다고 생각하게 되고, 그 물체들과 달의 상대적 크기를 비교해서 달의 크기를 짐작하게 되는 것이다. 태양이 달보다 훨씬 멀리 있는데도 달보다 크게 느껴지지 않는 것은 우리가 태양과의 거리, 달과의 거리를 체감하지 못하기 때문이다.

칠월칠석에 견우성과 직녀성은 가까워질까?

여름이 끝나가는 8월 중순, 칠월칠석날 어둠이 짙게 내린 뒤 하늘을 보면 직녀성(베가)과 견우성(알타이르)이 높이 떠 있다. 두 별이 초저녁 동쪽 지평선 위에 떠 있던 6월과 비교해 보면 두 별이 유독 가까워진 듯 보인다. 초저녁에 서쪽 지평선으로 옮겨간 12월에는 두 별이 다시 멀어져 있다. 정말로 견우와 직녀가 칠월칠석에 만났다가 다시 이별한 것일까? 두 별 사이의 거리에 변화가 있었을까?

사진을 찍어서 확인해 보면 두 별 사이의 거리에는 차이가 없다. 결국 천정 근처의 두 별이 가까워진 것처럼 느껴지는 것은 착시 현상 때문이다. 보름달이 지평선 위에 있을 때보다 하늘 높이 떴을 때 더 작아 보이는 것과 마찬가지로, 주위에 비교할 지형지물이 없어서 가까워 보이는 것이다. 지평선 위에서는 풍경과 비교되기 때문에 더 멀게 느껴질 뿐이다.

초승달은 왜 손톱처럼 보일까?

초저녁 서쪽 하늘에서 찾을 수 있는 초승달은 깎아 놓은 손톱처럼 생겼다. 아침에 뜬 초승달은 낮에는 잘 보이지 않다가, 태양이 지고서야 서쪽 지평선 위에서 모습을 드러낸다. 어둠이 더 짙어지면 어둠에 잠겨 있던 달의 나머지 모습이 희미하게 드러나 가느다란 초승달과 합쳐져 둥근 달을 그린다.

달이 태양 빛을 받아 빛난다는 사실을 알면서도 가끔 달이 뭔가에 가려져서 모양이 바뀐다고 착각하기도 한다. 물론 잘못된 생각이다. 달의 위상 변화는 뭔가에 가려져서 생기는 것이 아니라 태양 빛을 받는 각도가 달라지기 때문에 생긴다. 달이 지구와 태양 사이에 있을 때 대부분의 태양 빛은 달의 뒷면을 비춘다. 태양 빛이 비추지 못한 반대편은 어두워지고, 달이 직접 반사한 빛만이 지구에 도달해 초승달 모양을 만들어낸다.

사진 5-4 지구조.

그런데 우리는 태양 빛이 닿지 못한 달의 어두운 부분도 볼 수 있다. 어떻게 그런 일이 가능할까? 바로 지구가 반사한 태양 빛이 달에 도달하고, 달이 그 빛을 또 반사해서 우리 눈에 들어오기 때문이다. 이런 현상을 '지구조'라고 한다.

반달은 왜 반만 밝게 빛날까?

지구를 바라보고 있는 달은 항상 둥글다. 다만 달은 스스로 빛을 내지 못하기 때문에 태양 빛을 받는 부분만 보일 뿐이다.

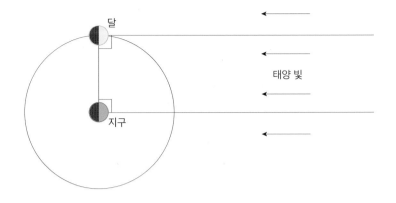

　오후 6시경 남쪽 하늘에 뜬 오른쪽이 볼록한 반원 모양의 달이 상현달이다. 상현달이 자정 무렵에 서쪽 지평선 너머로 질 때는 반달의 팽팽한 현이 위를 향한다. 그래서 상현上弦이라 이름 지어졌을 것이다.

　왼쪽으로 둥근 하현下弦달은 질 때 현이 아래를 보고 있다. 상현달과 하현달이 뜨는 날을 전후하여 달이 정확히 반만 밝게 빛나는 때가 있다. 이 시각에 지구와 달을 이은 직선과 달과 태양을 이은 선이 직각을 이룬다. 이렇게 되면 지구를 보는 달의 앞면의 절반에만 태양 빛이 도달한다. 그래서 반달의 현이 정확히 직선이 되는 반원 모양으로 보인다.

　달이 반원으로 보인다는 점에서 중요한 사실을 하나 추측할 수 있다. 달이 태양보다 멀리 있다고 가정하고 그림을 그려보자. 달을 어느 위치로 옮기든 지구-달-태양이 직각을 이루지 못한다. 반달을 보는 게 불가능하다. 즉 지구-달-태양이 90°를 이룰 수 있다는 것은 달보다 태양이 멀리 있다는 사실을 암시한다.

Ji-Hoon Kim

사진 5-5 초저녁 상현달.

2,300년 전 아리스타르코스는 이 사실을 깨닫고 반달이 뜨는 날 지구-달-태양 배치를 나타내는 가상의 직각삼각형을 그렸다. 그리고 달과 지구를 이은 선분 a와 지구와 태양을 이은 선분 b가 이루는 각도를 측정했다.* 그 값을 피타고라스의 정리에 적용하면 a와 b의 비율을 알 수 있다. 아리스타르코스는 태양이 달보다 약 20배쯤 멀리 떨어져 있다는 결론을 얻었다. 과학적 관찰과 수학적 고찰로 지구에서 태양까지의 거리와 달까지의 거리 비율을 계산해 낸 것이다.

지구에서는 태양과 달의 크기가 같아 보인다. 태양이 달보다 20배 더 멀리 있는데도 크기가 같다면 태양이 달보다 20배는 크다는 의미일 것이다. 아리스타르코스는 태양이 지구보다 7배쯤 크다는 결론에 도달했다. 실제로 태양은 달보다 400배는 더 멀리 있고, 태양은 지구보다 지름이 109배는 더 크다. 수치상으로는 큰 차이가 있지만 지구의 크기조차 모르던 시기였다는 점을 감안하면 굉장한 연구였다.

아리스타르코스는 자신의 연구를 바탕으로 훨씬 작은 지구가 커다란 태양 주위를 도는 것이 자연스럽다고 생각한다. 코페르니쿠스보다 1,800년을 앞서서 태양중심설(지동설)을 주장한 것이다.

행성도 반달처럼 보이는 때가 있을까?

행성은 달보다 크지만 워낙 멀리 떨어져 있어 육안으로는 별처럼 보인

---

* 이 당시 측정한 각도는 87°였지만, 실제는 89.86°로 90°에 가깝다.

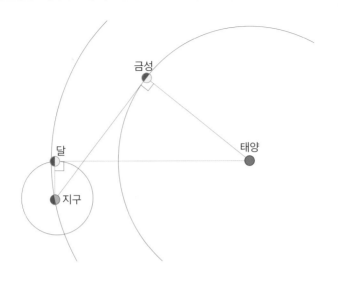

다. 그렇게 밝은 행성들도 스스로 빛을 내지 못하고 태양 빛을 반사해서 빛난다. 행성도 반달처럼 보이는 때가 있을까?

　지구를 기준으로 행성과 태양이 비슷한 방향에 있으면서 행성이 태양보다 더 가까우면, 지구-행성-태양이 90°를 이루어 행성이 반원으로 보인다. 금성과 수성의 공전 궤도는 지구의 공전 궤도 안쪽에 있어 언제나 지구에서 보면 태양과 비슷한 방향에 있다. 게다가 태양과 지구 사이로 들어오는 때가 있다. 이 시기에 지구-금성-태양, 지구-수성-태양이 이루는 각도가 90°가 되어 금성과 수성은 반달이 된다.

　한편 지구보다 훨씬 멀리서 태양을 돌고 있는 목성과 토성은 어떤 경우에도 지구-행성-태양이 이루는 각도가 90°보다 작다. 따라서 목성과 토성이 반달 형태로 보이는 때는 없다. 화성의 경우 태양보다 지구에 가까워질 때가 있고, 태양과 비슷한 방향에서 보일 때도 있다. 하

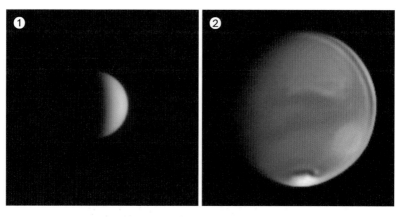

사진 5-6　① 반달 모양의 금성.　② 둥근 모습이 아닐 때의 화성.

지만 역시 공전 궤도가 바깥쪽에 있어서 지구-화성-태양은 늘 예각을 이룬다. 그래서 화성은 늘 보름달처럼 둥글게 보이는 것은 아니지만 반달까지 작아지지도 않는다.

태양은 왜 자꾸 나를 따라올까?

자동차나 기차를 타고 갈 때 창밖을 바라보면 길가의 나무와 집이 빠르게 멀어지면서 점점 작아진다. 그런데 태양과 달은 방향이 변하지도 않고 크기도 그대로다. 특히 남북 방향으로 움직일 때 지평선 위의 태양과 달은 유독 계속 차를 따라오는 것 같다. 왜 그런 느낌이 드는 것일까?

　관측자가 이동할 때 물체의 이동 속도와 위치 변화는 관측자와 물체의 거리에 따라 달라진다. 가까이 있는 물체는 조금만 움직여도 빠

사진 5-7 달리는 기차에서 보는 태양.

르게 많이 이동하지만 멀리 있는 물체는 천천히 조금씩 이동한다. 거리에 따라서 시차, 즉 관측자와 사물이 그리는 방향의 각도가 다르기 때문이다. 가까이 있는 사물은 시차가 크고 멀리 있는 사물은 시차가 작다. 아무리 이동해도 태양과 달의 위치가 변하지 않는 것도 천체가 너무 멀어 인간의 눈으로는 시차를 느낄 수 없기 때문이다. 즉 태양과 달이 너무 멀리 있어서 나를 따라오는 것처럼 느껴진다.

천체가 아주 멀리 있다는 사실을 알 수 있는 현상이 또 있다. 태양과 달은 너무 멀리 있어서 다른 지역에서 보아도 늘 같은 방향에 있다. 하늘 높이 뜬 달은 남산타워 북쪽의 의정부에서 봐도, 남산타워 남쪽의 안양에서 봐도 남쪽 하늘에 있다. 그런데 남산타워 상공 10km에 있는 열기구를 본다면 남산타워에 있는 사람에게는 머리 바로 위에, 의정부에 있는 사람에게는 남쪽에, 안양에 있는 사람에게는 북쪽에 있다.

3 │ 천체의 움직임으로 생기는 변화

지구는 시속 약 11만km의 속도로 태양 주위를 공전하고 있다. 대륙을 횡단하는 비행기보다 100배는 더 빠르다. 금성은 지구보다 더 빠르게(시속 약 13만km), 화성은 지구보다 느리게(시속 약 9만km) 태양 주위를 돌고 있다. 목성과 토성의 공전 속도는 화성보다 더 느리다. 우리가 맨눈으로 볼 수 있는 천체 중 가장 천천히 움직이는 것은 달로, 시속 3,679km로 지구를 공전한다. 천체 중 달이 가장 느림에도 우리가 느끼기에는 달이 가장 빠르게 움직인다. 달이 지구 가까이 있기 때문이다.

이런 사실들은 뉴턴이 만유인력의 법칙을 세운 뒤에야 알려졌다. 옛사람들은 천체의 움직임에 대한 정확한 지식이 없었음에도 현상을 설명하기 위해 오랫동안 노력했다. 오랜 관찰로 자료를 모아 가설을 세우고 검증하고 수정하며 지식을 쌓았다. 과학은 우주를 이해시켰고, 세상의 중심을 바꾸었으며, 기술의 진보를 이루어냈다. 그 바탕에 있었던 천체의 운동 법칙들을 확인해 보자.

태양은 항상 동쪽에서 뜰까?

한 주에 한 번, 같은 장소에서 일출을 관찰해 보자. 꾸준히 살펴보면 해가 뜨는 위치가 조금씩 달라진다는 사실을 알 수 있다. 태양은 1년에 단 이틀만 정동 쪽에서 떠오른다. 바로 3월의 춘분날과 9월의 추분날이다. 춘분날에 정동 쪽에서 뜬 태양은 다음 날부터 점점 더 북쪽에서 뜬다. 정동 쪽에서 북쪽으로 가장 멀어지는 날이 6월 하짓날이다. 이후 태양은 점점 남쪽으로 내려가 9월 추분날에 다시 정동 쪽에서 뜨고, 12월 동짓날에 가장 먼 남동쪽까지 이동한다. 동짓날 이후에는 다시 해 뜨는 위치가 반대로 움직여서, 다음 해 춘분날에 다시 정동 쪽으로 이동한다.

　이처럼 태양이 뜨고 지는 위치는 규칙적으로 바뀐다. 따라서 태양이 어디에서 뜨고 지는지를 같은 장소에서 날짜에 따라 기록해 두면, 오늘 태양이 뜬 위치를 보고 날짜를 예측할 수 있다. 거대한 돌들이 둥글게 모여 있는 영국의 스톤헨지 유적지가 태양의 출몰 위치로 계절과 날짜를 예측했던 일종의 달력이 아니었을까 추측된다.

달은 같은 위치에 올 때마다 같은 모양일까?

해와 달이 지나는 길인 황도는 황소자리의 히아데스성단과 플레이아데스성단 사이를 가로지른다. 달이 황도를 따라 이 근처를 지날 때면 달과 황소자리의 알파성 알데바란을 한눈에 볼 수 있다.

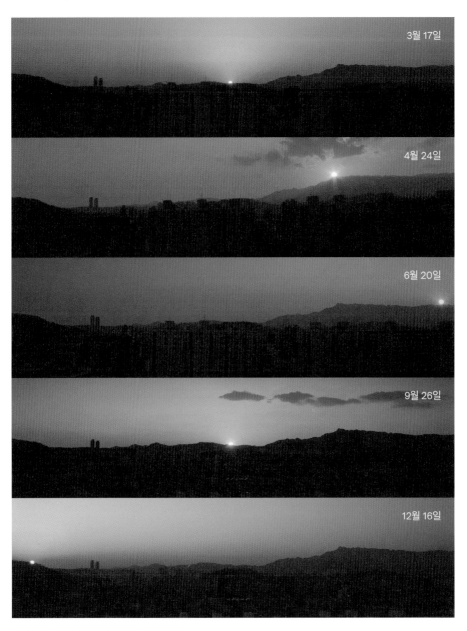

시진 5-8 계절에 따라 달라지는 일몰 위치.

알데바란을 기준으로 달이 언제 이 근처를 다시 지나는지 계산해 보면 27.3일이 걸린다. 27.3일은 달이 지구를 한 바퀴 도는 데 걸리는 평균 시간으로, 항성을 기준으로 측정한 것이기에 항성월이라 한다.

27.3일 후에 항성을 기준으로 달이 같은 위치에 올 때 달의 모양은 같을까? 결론부터 이야기하자면 아니다. 달은 27.3일이면 지구를 한 바퀴 돌지만 보름달이 되려면 2.2일이 더 필요하다. 달의 모양은 태양-지구-달의 각도에 따라 결정되는데, 달이 지구를 도는 동안 지구도 태양 주위를 돌아서 같은 각도를 이루기까지 더 많은 시일이 필요한 것이다. 이처럼 달의 모양을 기준으로 정한 기간을 삭망월이라 한다. 삭망월은 평균 29.5일로, 음력이 바로 이 삭망월을 기준으로 해 한 달이 29일이나 30일로 구성된다.

달은 언제 어디서 뜰까?

달은 태양처럼 항상 비슷한 시각에 뜨지는 않는다. 달은 모양에 따라 뜨고 지는 시각이 다르기 때문에 밤하늘에서 볼 수 있는 시간도 제각각이다. 손톱 같은 초승달은 태양이 진 뒤 서쪽 하늘에 잠시 떠 있다가 바로 져버린다. 초승달은 별빛을 가릴 만큼 밝지 않기 때문에 별을 기준으로 위치를 가늠해 볼 수 있다. 2~3일 동안 계속해서 초승달을 관측하면 별을 기준으로 달이 서쪽에서 동쪽으로 움직인다는 사실을 알 수 있다. 하룻밤 동안 달과 별이 동쪽에서 떠서 서쪽으로 진다는 점은 같지만, 달은 매일 조금씩 동쪽에서 서쪽으로 이동하는 별과 반대로 움직인다. 결과적으로 별은 매일 뜨는 시각이 조금씩 빨라지고 달은 늦어진다.

초승달은 서쪽 하늘에 몇 시간 떠 있다가 지기 때문에, 한밤중이나 새벽녘에는 볼 수 없다. 만약 새벽녘 동쪽 하늘에 초승달과 비슷한 모양의 달이 보인다면 그건 그믐달이다. 초승달이 매일매일 동쪽으로 이동하면 달의 밝은 부분도 점차 면적이 커지며 늦게 뜬다. 그렇게 보름달로 모습을 바꾼 달은 초저녁 동쪽 하늘에 떠오른다. 보름달은 저녁 6시를 전후해서 뜨고 새벽 6시를 전후해서 진다. 보름달 이후 달의 모양은 점차 이지러지고 뜨는 시각도 늦어진다. 하현달은 밤 12시를 전후해서 뜨고 아침 12시를 전후해서 진다.

지상에서 봤을 때 달은 매일 평균적으로 12~13°씩 동쪽으로 이동하고, 50분씩 늦게 뜬다. 달이 뜨는 시각은 달의 모양에 따라 규칙적으로 변한다. 달의 모양은 달-지구-태양이 이루는 달의 이각 크기에 따라 달라지는데, 초승달은 이각이 30~45°, 상현달은 90°, 보름달은 180°, 하현달은 270°이다. 이각이 15° 커질 때마다 달이 뜨는 시각은 1시간 정도 늦어진다. 따라서 보름달은 상현달보다 6시간 정도 늦게, 하현달은 상현달보다 12시간 정도 늦게 뜬다.

달은 뜨는 위치도 변화무쌍하다. 태양은 매일 태양 지름의 반 정도씩 이동한 위치에서 떠오른다. 그러나 달은 하루 만에 달 지름의 4배만큼 이동한 곳에서 뜨기도 한다. 상현달일 때는 남쪽으로 한참 치우친 곳에서 떴는데 일주일 뒤 보름달은 북쪽으로 한참 이동해 있다. 그리고 태양과 보름달은 지구를 중심에 두고 정반대에 위치하기 때문에, 태양이 북동쪽으로 지는 여름에는 보름달이 남쪽으로 치우친 곳에서

사진 5-9 서쪽 지평선 위의 초승달. 별을 기준으로 동쪽으로 약 13° 이동했다.
① 2012년 3월 25일 8시 ② 2012년 3월 26일 8시.

뜨고, 겨울에는 북쪽으로 치우친 곳에서 뜬다. 북반구에서 모든 천체는 천구의 북극, 즉 북극성을 중심으로 회전한다. 북극성은 언제나 하늘에 떠 있는 만큼, 북쪽에 있는 천체일수록 오래 하늘에 머무르고, 남쪽에 있는 천체일수록 하늘에 있는 시간이 짧다. 따라서 겨울에 뜬 보름달이 여름에 뜬 보름달보다 하늘에 오래 머무른다.

별 사이를 방황하는 별의 정체는 무엇일까?

지구가 서쪽에서 동쪽으로 자전하기 때문에 별은 동쪽에서 떠서 서쪽으로 진다. 계절에 따라 별이 뜨고 지는 시각은 달라지더라도 별끼리의 상대적 위치가 바뀌지는 않는다. 별자리는 항상 같은 모양을 유지하기 때문에 달과 혜성의 위치를 기록할 때 기준이 되어왔다. 그런데 별들을 보다 보면 한 자리에 가만히 있지 않고 다른 별들 사이를 돌아다니며 방황하는 별을 발견할 수 있다. 사실 그 천체는 별이 아니라 행성이다. 육안으로도 잘 보일 정도로 밝은 5개의 행성은 별들과 다른 속도로 움직이며, 위치에 따라 밝기가 변하기도 한다.

행성은 태양 주위를 반시계 방향(서쪽→동쪽)으로 돌고 있기 때문에 보통은 서쪽에서 동쪽으로 움직인다. 이를 순행이라고 하는데 순행하던 행성이 갑자기 반대 방향(동쪽→서쪽)으로 움직일 때가 있다. 이를 행성의 역행이라고 한다.

행성의 역행은 화성, 목성, 토성 등 지구 바깥쪽 궤도를 도는 외행성들에서 쉽게 관측된다. 지구의 공전 속도가 이 행성들의 공전 속도

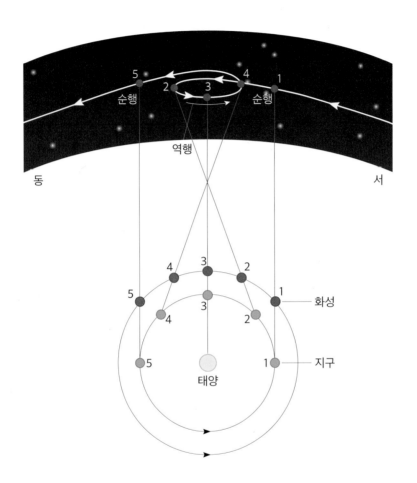

순행

순행

역행

동

서

5

4

1

2

3

4

3

2

5

4

3

2

1

5

1

화성

지구

태양

보다 더 빨라서 행성들을 추월하면서 생기는 현상이기 때문이다. 도로에서 빠르게 달려 느리게 가는 자동차를 추월할 때, 추월당한 차가 뒤로 움직이는 것처럼 보이는 현상과 비슷하다.

외행성-지구-태양이 일직선을 이루는 순간을 '충'이라고 한다. 충이 일어나기 수십 일 전부터 행성들은 역행을 시작하고, 충을 지나 수십 일 동안 더 역행을 하다 어느 순간부터 다시 순행한다. 화성은 충을 전후해서 약 72일, 목성은 약 121일, 토성은 약 138일 동안 역행한다. 토성이 역행을 가장 오래하는 이유는 토성의 공전 궤도가 이 중 가장 크고 지구와의 공전 속도 차이가 크기 때문이다.

지구보다 빠르게 움직이는 내행성도 역행 운동을 한다. 동방최대이각*을 이루는 위치를 지나 지구와 가까워지면서 역행 운동이 시작된다. 태양-내행성-지구가 일직선으로 배치되어 내행성이 지구와 가장 가까워질 때를 '내합'이라고 하는데, 내행성은 내합을 지나 서방최대이각에 도달할 때까지 역행한다. 수성의 역행은 내합을 전후해서 약 21일, 금성의 역행은 약 41일 동안 계속된다.

외행성은 충일 때 굉장히 밝고 잘 보이기 때문에 화성이나 목성의 역행 운동을 쉽게 느낄 수 있다. 하지만 내행성의 역행 운동은 내행성이 태양 앞을 지나는 내합을 전후해서 일어나기 때문에 일반적으로는 잘 보기 힘들다. 수성의 역행 운동은 맨눈으로 관측하기가 특히 어렵다. 수성은 내합일 때 가장 어두워지기 때문이다.

---

* 태양-지구-천체가 이루는 각을 천체의 이각이라고 한다. 이각이 가장 커질 때를 최대이각이라고 하며, 내행성의 경우 태양에서 동쪽으로 가장 멀리 떨어져 있을 때가 동방최대이각, 태양에서 서쪽으로 가장 멀리 떨어졌을 때가 서방최대이각이다.

사진 5-10 ① 2020년 3월 23일, ② 2020년 4월 3일, ③ 2020년 9월 19일. 토성, 화성, 목성의 이동. 서쪽에서 동쪽으로 움직이던 행성들이 서쪽으로 역행 운동을 시작했다.

이처럼 행성은 고정된 별들에 비해 복잡하고 자유롭게 움직이는 것 같지만 규칙성이 있다. 행성은 황도 근처를 벗어나지 않는다. 물론 황도를 지나는 다른 천체인 태양과 달과 차이도 있다. 황도 근처에 있는 별자리 12개를 기준으로 보면 태양은 한 달에 1개 별자리를 이동하고, 달은 2~3일에 1개 별자리를 이동한다. 반면 목성은 1년에 별자리 하나 정도를 이동한다. 황도 12궁을 따라 천구를 한 바퀴 도는 데 걸리는 기간은 달은 한 달, 태양은 1년, 목성은 12년, 토성은 29년이다.

개밥바라기별과 샛별은 같은 천체일까?

해가 진다고 해서 바로 어둠이 찾아오지는 않는다. 서쪽 지평선 아래의 태양 빛이 대기에 산란되어 약한 빛이 하늘에 남아 있다. 해가 지고도 40분쯤 지나야 붉은 노을이 완전한 어둠으로 변한다. 하늘은 동쪽부터 깜깜해지며 별들이 보이기 시작한다. 가장 먼저 보이는 별은 늘 동쪽 하늘이나 천정 부근에 있다.

그런데 갑자기 초저녁 서쪽 하늘에서 어떤 별이 가장 먼저 보인다. 남은 태양 빛에도 보이는 엄청나게 밝은 별이 나타난 것이다. 이때부터 몇 개월간 이 별은 초저녁 서쪽 하늘에 머무르면서 고도를 높였다가 다시 내려가며 사라진다. 그동안 이 별은 밤하늘에서 가장 밝은 별이라는 지위를 누린다. 개가 밥을 먹을 시간에 보여서 그런지 이 별이 보이면 개가 밥을 달라고 짖었던 것 같다. 그래서 조상들은 개밥바라기별이라는 이름을 붙였다.

밤이 가고 새벽이 되면 동쪽 하늘이 먼저 밝아지기 시작한다. 동쪽 하늘의 별이 가장 먼저 아침노을 속으로 사라진다. 그런데 어느 날 태양보다 조금 일찍 뜬 밝은 별이 동쪽 지평선 위를 밝힌다. 이 별은 하늘의 별들 중 가장 마지막까지 빛나며 모습을 보인다. 새벽녘 동쪽 하늘에서 처음 보이는 이 별은 매일 뜨는 시각이 빨라진다. 새벽 2~3시쯤 뜨기도 하다가 다시 뜨는 시각이 늦어지면서 동쪽 하늘에서 자취를 감춘다. 이 환한 별을 조상들은 샛별이라고 불렀다.

개밥바라기별과 샛별은 별이 아니라 금성이다. 별처럼 빛나는 금성은 가장 밝을 때는 1등성보다 100배나 밝다. 그래서 저녁노을이 남아

사진 5-11　개밥바라기별. 서쪽 하늘에 뜬 금성은 태양의 동쪽에 있다.

사진 5-12　샛별. 동쪽 하늘에 뜬 금성은 태양의 서쪽에 있다.

있어도 보이고, 해가 완전히 뜨기 직전까지도 버틴다.

금성은 새벽의 동쪽 하늘과 초저녁 서쪽 하늘에만 모습을 드러낼 뿐, 어떤 경우에도 23~1시 사이의 한밤중에는 볼 수 없다. 금성의 공전 궤도가 지구의 궤도 안쪽에 있기 때문이다. 금성의 이각은 최대 48°밖에 되지 않는다. 보통 이각이 15° 증가할 때마다 출몰 시각에 약 1시간의 차이가 발생한다. 이각이 최소 60° 이상은 되어야 자정 무렵에도 관측이 가능한데, 최대이각이 48°를 넘지 못하는 금성은 태양 근처에서만 뜨고 지게 된다. 그래서 금성은 한밤중에 보이지 않고 서방최대이각을 전후로 새벽녘 동쪽이나, 동방최대이각을 전후로 초저녁 서쪽 하늘에 보인다.

일식 때 태양 앞을 지나는 천체는 무엇일까?

맑은 하늘에서 눈부시게 빛나던 태양을 무언가가 가린다. 태양이 갑자기 빛을 잃으면서 순식간에 하늘과 땅이 어둠에 잠긴다. 별이 보이고 지평선 쪽 하늘은 저녁노을처럼 붉게 물든다. 개기일식은 보통 2분, 길어야 7분 정도 이어지며 이런 놀라운 풍경을 만든다. 태양을 가렸던 천체는 동쪽으로 빠져나가고 태양은 아무 일 없었다는 듯 다시 맹렬히 빛나며 모든 별빛을 삼켜버린다. 일식이 일어나는 이유를 몰랐던 옛사람들은 이런 일이 일어날 때마다 두려움에 떨었다.

태양을 가려 일식을 일으키는 둥근 천체는 크기도 태양과 비슷하다. 사람들은 오랜 관찰 끝에 그믐달이 태양과 가까워지다가 태양을

사진 5-13 2015년 3월 20일 개기일식(노르웨이 스발바르).

지나치는 순간 일식이 일어난다는 사실을 알게 되었다. 일식은 늘 달이 없는 그믐날에 일어난다. 물론 그믐날이라고 늘 일식이 일어나지는 않는다. 태양이 지나가는 길인 황도와 달이 지나가는 길인 백도는 장소와 시기에 따라 조금씩 달라지기 때문이다.

옛사람들은 일식을 예측하기 위해 하늘을 정밀히 관측하고 천체의 운동을 계산했다. 일식 관찰은 천문학을 크게 발전시켰다. 비슷한 크기로 보이는 태양과 달 중 어느 쪽이 더 클지를 고민하던 옛사람들은 일식으로 답을 찾았다. 달이 태양 앞을 지나가니 태양이 더 멀리 있고, 달보다 훨씬 클 거라고 추측할 수 있었던 것이다.

사진 5-14 2017년 8월 21일 개기일식(미국). 달의 표면과 태양의 코로나가 보인다.

1919년의 일식 때는 영국의 천문학자 아서 스탠리 에딩턴이 과학사에 한 획을 긋는 사진을 찍는다. 개기일식 중인 태양과 그 옆에 있는 별을 찍은 사진인데, 이 사진은 태양 옆을 지나는 별빛이 휜다는 점을 증명했다. 질량이 공간을 휘며, 공간의 휨이 중력이라는 아인슈타인의 일반상대성 이론을 뒷받침한 것이다. 또한 개기일식 때는 태양의 대기인 코로나도 자세히 관측할 수 있다.

개기일식은 보통 사람이 경험할 수 있는 가장 신비로운 자연현상이다. 그렇기에 천문학자나 아마추어 천문가들이 일식 원정대를 꾸려서 오지까지 일식을 보러 간다. 우리나라에서는 2035년 9월 2일 개기일식이 있을 예정이다.

2021년 이후의 일식

일시	장소	종류
2021.12.04.	남극 대륙	개기일식
2023.04.20.	호주 및 인도네시아	개기·금환(혼합 일식)
2023.10.14.	미국, 멕시코	금환일식
2024.04.08.	멕시코,미국	개기일식
2024.10.02.	이스터섬, 칠레	금환일식
2026.02.17.	남극	금환일식
2026.08.12.	아이슬란드, 스페인	개기일식
2027.02.06.	아르헨티나	금환일식
2027.08.02.	이집트, 사우디아라비아	개기일식
2028.01.26.	갈라파고스	금환일식
2028.07.22.	호주	개기일식
2030.06.01.	시베리아	금환일식
2030.11.25.	호주	개기일식
2031.05.21.	인도양, 말레이시아	금환일식
2031.11.14.	대서양	개기·금환(혼합 일식)
2032.05.09.	남극해	금환일식
2033.03.30.	알래스카	개기일식
2034.03.20.	차드, 수단	개기일식
2034.09.12.	칠레, 아르헨티나	금환일식
2035.05.09.	뉴질랜드, 남태평양	금환일식
2035.09.02.	중국, 북한, 일본	개기일식
2037.07.13.	호주	개기일식
2038.01.05.	남대서양, 라이베리아	금환일식
2038.07.02.	북대서양, 서사하라	금환일식
2038.12.26.	호주, 뉴질랜드	개기일식
2039.06.21.	알래스카, 북극해, 노르웨이	금환일식
2039.12.15.	남극	개기일식

* 자료 출처 : NASA

보름달이 갑자기 사라지는 이유는 무엇일까?

어느 날 갑자기 보름달이 초승달 모양으로 작아지다가 끝내 밤하늘에서 자취를 감춘다. 1시간쯤 지나면 사라졌던 보름달이 그믐달 모양으로 보이다가, 곧 둥근 모습을 찾는다. 개기월식이다. 일식은 달이 태양을 가리는 현상이었는데 월식은 무엇이 달을 가리는 걸까? 사실 월식 때 달은 뭔가에 가려진 게 아니다.

태양 반대편의 하늘에는 지구의 그림자가 둥글게 생긴다. 스스로 빛을 낸다면 그림자의 영향을 받지 않겠지만, 달은 스스로 빛을 발하지 못하기에 그림자 속으로 들어가면 어두워진다. 이것이 월식이다.

보름달 전체가 지구 그림자 속으로 들어가는 개기월식이 일어날 때도 달의 모습이 완전히 사라지지는 않는다. 태양 빛이 지구 대기를 통과하며 굴절된 빛 일부가 달을 비춘다. 이때 파란빛은 지구 대기에서 산란되어 지표로 향하고 주로 붉은빛이 달까지 도달한다. 그래서 개기월식 중에 달은 붉어진다.

달에 지는 지구의 그림자 모양은 둥글다. 2,500년 전 아리스토텔레스는 이를 근거로 지구가 둥글다고 주장했다. 2,300년 전 아리스타르코스는 보름달이 이동하는 시간과 개기월식이 지속되는 시간을 비교

사진 5-15 2018년 1월 31일 개기월식.

사진 5-16 월식은 달이 지구 그림자에 들어가서 생긴다.

해 지구 그림자가 달보다 2.5배 크다고 계산했다. 실제 지구의 지름은 달의 지름의 4배다. 아리스타르코스는 지구가 달보다 얼마나 큰지 정확한 수치는 알아내지 못했지만 그래도 상대적으로 지구가 더 크다는 사실만큼은 알아낸 셈이다.

행성의 만남은 얼마나 자주 일어날까?

1등성들은 서로 떨어져 있고 별은 위치를 바꾸지 않기에 2개 이상의 밝은 별이 서로 가까이 모여 있는 모습은 볼 수가 없다. 그러나 별이 아닌 행성은 하늘을 이동하다가 서로 만나기도 한다. 행성의 이동 속도는 제각각이기 때문에 행성 2개가 하늘에서 만나는 현상은 비교적 흔한 편이다. 이동 속도가 빠른 화성은 2년에 한 번 정도 토성과 만나고, 2년 3개월마다 목성과 만난다. 그러나 목성과 토성은 20년에 한 번 정도 만난다.

별자리 하나 정도의 거리에 있는 걸 만난다고 할 수 있다면, 목성, 토성, 화성도 대략 20년에 한 번 모임을 가진다. 만약 세 행성이 새벽 동쪽 하늘이나 초저녁 서쪽 하늘에서 만난다면 태양 근처의 금성이나 수성도 그 자리에 함께할 수 있다. 이렇게 육안으로 관측되는 다섯 행성이 모두 만나는 현상을 예로부터 '오성취'라고 했다.

오성취 현상은 최근 500년 사이에 한 번밖에 일어나지 않았다. 1821년 4월 18일 새벽녘 지평선 근처에 다섯 행성이 줄 지어 떠 있었다. 가장 위에 있는 수성부터 지평선 근처의 토성까지 일직선으로 놓인 것이다. 2020년 3월 새벽하늘의 궁수자리에서 20년 만에 화성, 목성, 토성이 만났지만, 수성과 너무 멀리 떨어져 있었고 금성은 태양 반대편에 위치했다. 이처럼 행성이 4개 이상 모이는 현상을 보기란 매우 어렵다.

2022년 6월 16일 새벽에는 동쪽에서 남쪽 하늘까지 다섯 행성이 모두 보일 것이고, 2040년 9월 8일 초저녁에는 다섯 행성이 처녀자리

사진 5-17 400년 만에 가장 근접한 목성과 토성.(2020년 12월)

에서 10° 범위 내에 모두 모일 예정이다. 오성취처럼 보기 드문 천체 현상은 기록으로 남아 역사 연구의 단서가 되기도 한다. 기록과 하늘 시뮬레이션을 비교해 봄으로써 기록의 신뢰도를 확인할 수 있는 것이다. 매우 드물게 일어나는 역사적 현상을 직접 보고 기록을 남겨보면 어떨까? 기록은 역사로 남을 것이다.

4 | 천체의 움직임과 시간

태양은 규칙적으로 움직이지만 하루와 1년의 길이를 정하는 것이 쉬운 일이 아니었기에 문화권과 시대에 따라 사용하는 달력과 시간 개념이 달라졌다. 지구가 타원 궤도를 따라 움직이기 때문에 지구가 태양을 공전하는 속도는 일정하지 않다. 더군다나 지구의 자전축이 기울어 있어 낮과 밤의 길이도 달라진다. 하루와 한 달, 1년의 길이는 정수로 떨어지지 않는다. 그래서 인류가 하루, 1년의 길이를 정하고, 정확한 달력을 만드는 데 수천 년의 세월이 필요했다.

하루의 길이는 얼마나 될까?

어떤 천체가 뜨고 지는 시각은 매일 변한다. 달은 하루에 약 50분씩 늦게 뜨고, 별은 하루에 약 4분씩 일찍 뜬다. 7일 뒤에 달은 6시간 더 늦게 뜨고, 3개월 뒤에 별은 6시간 더 빨리 뜬다. 그래서 봄철 별자리를 대표하는 레굴루스는 겨울에는 자정 무렵에 뜨지만, 봄에는 초저녁에 뜬다. 행성도 어떤 날에는 아침에 뜨고 계절이 바뀌면 저녁에 뜬다. 이런 현상들은 천체들이 우주 공간에서 복잡한 운행을 하고 있기 때문에 일어난다.

태양도 뜨고 지는 시각에 차이가 있다. 서울에서 6월 하짓날 근처의 태양은 오전 5시 10분쯤에 떠서 오후 7시 58분쯤에 진다. 반면에 12월 동짓날 근처의 태양은 오전 7시 43분쯤에 떠서 오후 5시 18분쯤에 진다. 일출과 일몰에 대략 두세 시간 정도 차이가 생긴다. 그렇지만 태양이 갑자기 정오에 뜨거나 오후 3~4시쯤 지는 일은 생기지 않는다. 늘 아침에 떠서 저녁에 진다.

낮과 밤은 지구의 자전으로 생기는데, 하루의 길이는 24시간이다. 그래서 흔히들 자전 주기가 24시간이라고 착각하지만, 사실 지구가 스스로 한 바퀴 도는 데 걸리는 시간은 23시간 56분 4초다. 이 시간은 정남쪽을 지나갔던 별이 다시 정남쪽에 위치하기까지 걸리는 시간으로 항성일이라고 한다.

그런데 인류는 별이 아닌 태양을 기준으로 하루를 정의했다. 태양이 정오에 정남쪽에 자리 잡았다가 다음 날 다시 정남쪽에 오기까지가 하루다. 태양이 정남쪽에 위치하기 위해서는 3분 56초가 더 필요하다. 지구가 자전하는 동안 공전도 해서 태양을 보기까지 시간이 더 걸리기 때문이다. 그래서 인류는 태양을 기준으로 24시간을 정했다. 이를 태양일이라고 한다.

태양이 뜨는 시간과는 상관없이 태양이 정남쪽에 있는 시점을 기준으로 하루를 계산하기 때문에 태양은 늘 아침에 떠서 저녁에 진다. 즉 태양이 뜨니까 아침이 되도록 인류가 하루를 설정한 것이다.

해시계는 몇 시에 가장 정확할까?

가장 오래된 시계를 말하자면 해시계를 꼽을 수 있을 것이다. 최초의 해시계는 기원전 3,500년 전 이집트에서 만들어진 것으로 알려져 있다.

해시계는 지면에 수직으로 세운 막대기의 그림자로 시각을 확인한다. 그림자가 바닥에 그려둔 눈금의 어디를 가리키느냐에 따라 시각을 알 수 있다. 해시계의 그림자는 시계 방향으로 움직인다.

그런데 계절에 따라 일출·일몰의 위치와 시각에 차이가 생긴다. 여름이 되면 해는 좀 더 북쪽에서 일찍 뜨고 늦게 진다. 겨울이 되면 일출 지점이 남쪽으로 이동해 늦게 뜨고 빨리 진다. 그래서 막대기의 그림자 길이는 계절마다 다르고 방향도 조금씩 달라진다. 그래서 1년 내내 정확하게 맞는 하나의 눈금을 만드는 것은 불가능하다.

그렇지만 정오에는 언제나 해시계가 정확하다. 계절과 상관없이 태양은 정오에 정남쪽에 위치한다. 여름 새벽 5시에 뜬 태양과 겨울 7시에 뜬 태양 모두 정오에는 정남 쪽에 있고, 해시계의 그림자는 정북 쪽을 가리킨다. 현재 시간 체계에서 서울을 기준으로 했을 때 태양은 늘 12시 30분을 전후해서 정남 쪽에 있다.

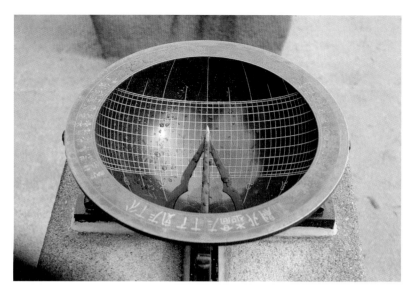

사진 5-18　앙부일구. 태양의 방향이 계절에 따라 달라지기에 눈금을 여럿 만들었다.

일주일이 7일인 이유는 무엇일까?

매일 하늘을 관측하던 옛사람들은 별자리 사이를 움직이는 천체가 일곱이라는 사실을 알게 되었다. 바로 태양, 달, 수성, 금성, 화성, 목성, 토성이다. 토성보다 멀리 있는 행성인 천왕성이나 해왕성은 너무 어두워서 눈으로는 보이지 않았기 때문에 옛날에는 그 존재도 알려져 있지 않았다. 일주일의 유래에 대해서는 여러 설이 있는데 그중 하나가 이 일곱 천체와 연관되어 있다는 것이다.

　동양이든 서양이든 7일을 기준으로 시간을 계산했다. 동양에서는 7개의 천체를 칠요라고 하여 7일을 한 주기로 사용하였다. 우리나라

또한 7일 간격으로 쉬었다는 기록이 있다.

일곱 천체가 하늘을 한 바퀴 도는 데 걸리는 기간은 다음과 같다.

	달(월)	수성(수)	금성(금)	태양(일)	화성(화)	목성(목)	토성(토)
기간	29일	3개월	8개월	1년	2년	12년	30년

이 기간을 기준으로 천천히 움직이는 천체부터 써보면 토성-목성-화성-태양-금성-수성-달 순서다. 토성을 시작으로 1시간마다 이 순서대로 행성을 배치해 보자. 0시가 토성이라면, 1시에 목성을, 2시에 화성을 넣는 식이다. 7개의 천체를 반복해 넣다 보면 23시에는 화성이 배치된다. 그럼 그다음 0시에는 태양이 들어간다. 토성의 시간으로부터 24시간이 지나면 태양의 시간이 찾아오는 셈이다. 그 뒤로 24시간이 지나면 0시에 달이 온다. 그렇게 토-일-월-화-수-목-금이 반복된다.

이렇게 하늘의 천체로 일주일이 정해졌다. 천왕성이 좀 더 밝아서 맨눈에 보였다면 일주일이 8일이 되었을지도 모를 일이다.

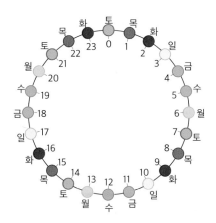

왜 생일에는 탄생 별자리를 볼 수 없을까?

12월 중순의 탄생 별자리는 궁수자리다. 그런데 12월에 밤새 밤하늘을 쳐다봐도 궁수자리는 보이지 않는다. 생일에 탄생 별자리를 볼 수 없는 것이다. 궁수자리는 여름철 별자리인데 왜 겨울에 태어난 아기가 궁수자리가 되는 걸까?

항성들은 너무 멀어서 지구가 얼마나 움직이든 언제나 같은 위치에 있는 것처럼 보인다. 하지만 가장 가까이 있는 항성인 태양만큼은 항성 중 유일하게 하늘에 고정되어 있지 않고 따로 움직인다. 지구가 태양 주위를 돌고 있지만, 지구에서는 태양이 움직이는 것처럼 보이며, 태양은 여러 별들 사이를 지나간다. 태양이 움직이는 그 길을 황도라고 한다.

황도는 별자리 12개를 가로지르는데, 이 별자리들이 황도 12궁이자 탄생 별자리이다. 태양은 열두 별자리를 대략 한 달에 하나씩 옮겨

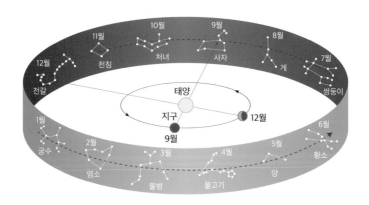

간다. 이 속도는 세월이 흘러도 변하지 않는다. 탄생 별자리는 그날 태양이 위치하는 별자리이다. 탄생 별자리가 태양과 함께 떠올라 태양과 함께 지는 셈이니 생일에 탄생 별자리는 절대 보이지 않는다.

달력은 무엇을 기준으로 만들었을까?

태양은 주기적으로 황도를 따라간다. 사람들은 이를 이용해 1년을 정하고 달력을 만들었다. 태양이 황도를 한 바퀴 도는 기간이 1년이다. 옛사람들이 365일에서 366일으로 잡았던 1년의 길이는 수많은 관측 결과 점점 더 정확해졌다. 기원전 45년부터 시행된 율리우스력에서 1년의 길이는 365.25일로 정해졌다. 4년마다 윤달로 2월이 29일이 되는 것은 1년의 길이가 365일이 아니라 365.25일이기 때문이다.

325년 로마 황제 콘스탄티누스 1세는 제1차 니케아 공의회를 소집했다. 분열된 교회를 통일한다는 목적으로 열린 이 회의에서 부활절의 기준을 정했다. 바로 춘분날 이후 첫 보름을 지나 맞이하는 일요일이다. 그해 춘분이 율리우스력 3월 21일이었기에 춘분을 그날로 확정했다.

그러나 문제가 생겼다. 1년의 정확한 길이가 365.2422일이라 율리우스력의 1년보다 11분 14초가 짧았던 것이다. 128년마다 1일의 차이가 생기는 정도라도, 1,280년이 지나면 10일이나 편차가 생긴다. 16세기 후반에 이르러서는 춘분일이 325년보다 열흘이나 빨라진 3월 11일이 되어 달력에 큰 오차가 생겼다. 실제 춘분날과 율리우스력 춘분날의 차이가 문제로 대두되었다.

교황 그레고리우스 13세는 1582년 10월 4일 다음 날을 10월 15일로 변경하고, 400년 중에 3일을 없애기로 했다. 4의 배수인 해를 윤년으로 하되, 100으로 나뉘는 해 중 3번은 평년으로, 400으로 나뉘는 해는 윤년으로 둔다는 것이다. 예를 들어 1700년, 1800년, 1900년은 400으로 나뉘지 않지만 100의 배수이기에 평년이고, 400으로 나뉘는 2000년은 윤년이다. 이 달력이 채택한 1년의 길이는 365.2425일이고 3,300년마다 1일의 차이가 발생한다. 이 달력이 그레고리력으로 오늘날까지 널리 통용되고 있다.

5 | 천체와 지구의 거리 계산

일반적으로 사람은 달이나 태양과의 거리를 체감할 수 없다. 태양보다 가까이 있는 달조차도 지구에서 너무 멀리 떨어져 있어 어느 쪽이 더 먼지도 알기 어렵다. 하물며 태양보다 수천 배 이상 멀리 떨어진 별까지의 거리를 알아낸다는 것은 더 어려운 일이었다. 그럼에도 불구하고 인류는 우주를 이해하고자, 우주의 크기와 별과의 거리를 알아내는 법을 끊임없이 연구해 왔다.

수천억 개의 별로 구성된 은하에서, 그 변두리에 위치한 별에 딸린 조그마한 행성에 살고 있는 작은 존재가, 우주를 이해하는 것을 목표로 삼고 있다. 인간의 상상력과 도전 정신이 그만큼 위대하다. 직접 가볼 수도 없고 재어볼 수도 없는 거리를 측정해 우주의 크기를 가늠하려는 시도는 그 자체가 장대한 도전이다.

연주시차를 측정해 별까지의 거리를 알아내다

사람들은 행성이나 별까지의 거리가 멀다는 것을 짐작하고 있었다. 하지만 거리를 측정하지는 못했는데, 별이 지구에서 너무 멀리 있어서, 지표면상에서는 관측 장소를 아무리 달리해도 별의 위치에 변화가 생기지 않았기 때문이다. 다시 말하자면 시차를 측정할 수 없었다.

1m 거리에 있는 사물을 하나 바라보면서 오른쪽으로 1m 이동해보자. 그러면 내 기준에서 사물이 왼쪽으로 이동한 것으로 보인다. 이처럼 관측자의 위치에 따라 시야에서 사물이 보이는 방향이 달라진다. 그 방향 차이를 시차라고 한다. 가까이 있는 사물일수록 관측자가 조금만 움직여도 많이 움직인 것처럼 보인다. 즉 가까이 있는 사물은 시차가 크고, 멀리 있는 사물은 시차가 작다. 시차를 측정하면 직접 거리를 잴 수 없는 곳까지의 거리를 알 수 있다. 어쩌면 천체의 거리도 시차로 알 수 있지 않을까.

시차를 이용해 천체와의 거리를 측정하려는 시도는 오래전부터 있었다. 그렇지만 지구에서 가장 가까운 달조차도 육안으로는 시차를 쉽게 측정할 수 없다. 시차를 이용해 달까지의 거리를 측정하기 위해서는, 달을 바라보는 두 관측 지점이 적어도 112km는 떨어져 있어야 한다.

달의 시차를 처음으로 측정한 사람은 히파르코스다. 그는 기원전 150년경에 직선거리로 200km 이상 떨어진 위치에서 달의 시차를 측정해서 달까지의 거리가 지구 지름의 30배쯤 된다는 사실을 알아냈다.

약 1,800년 뒤 튀코 브라헤가 달보다 멀리 있는 천체까지의 거리를

사진 5-19 헤일 봅 혜성.

측정하는 데 도전했다. 1577년에 나타난 혜성을 튀코 브라헤와 동료가
약 300km 떨어진 빈과 프라하에서 동시에 관측해 시차를 알아냈다.
관측 결과 혜성은 대기권 밖에 위치할 뿐만 아니라 달보다도 멀리 있
었다. 이로써 혜성이 지구에 직접적으로 해를 끼칠 수 없다는 사실이
알려졌다. 전염병, 홍수, 지진, 화산 폭발 등 재해의 원인으로 여겨지던
혜성이 사실은 지구 밖에서 움직이는 천체라는 사실이 밝혀진 것이다.

갈릴레이 이후 천체 망원경이 우주 관측에 보편적으로 사용되기
시작했다. 그럼으로써 맨눈으로는 알 수 없었던 시차를 측정할 수 있
게 되었다. 파리천문대의 초대 대장인 조반니 도메니코 카시니는 토

성 고리 중간에 틈이 있다는 사실을 발견한 것으로도 유명하다. 그는 1672년 프랑스 파리와 남아메리카의 프랑스령 기아나에서 망원경으로 화성을 동시에 관측해 시차를 측정했다. 이때 두 관측 지점 간의 거리는 7,000km 정도였다. 이렇게 화성의 시차를 측정해 계산해 보니 지구에서 화성까지의 거리는 약 7,500만km였다.

이전까지 태양과 지구의 거리는 정확히 계산되지 못했다. 대신 케플러의 제3법칙*을 활용해서 태양이 화성보다 약 1.9배 멀리 떨어져 있다는 사실은 알고 있었다. 그래서 지구-화성 간 거리를 이용해 지구-태양의 거리를 계산했고, 약 1억 4천만km가 나왔다. 계산 과정에 오차가 있어 정확하지는 않지만, 비로소 지구와 태양의 거리를 정확히 알게 된 것이다. 인류가 생각하던 태양계의 크기를 엄청나게 확대시켜 주는 사건이었다.

화성까지의 시차는 두 지역에서 관측할 수 있었지만, 다른 별까지의 시차는 지구상에서 확인을 할 수가 없다. 별의 시차를 측정하기 위해서는 훨씬 멀리 떨어진 두 지점에서 관측을 해야 한다. 어떻게 그게 가능할까? 지구의 공전을 이용하면 된다.

태양을 도는 지구는 6개월 뒤에 공전 궤도의 반대편에 간다. 직선 거리로 공전 궤도의 지름인 약 3억km 떨어진 곳으로 이동하는 셈이다. 궤도의 양끝에서 측정한 시차의 반을 연주시차라고 한다. 연주시차를 알면 별까지의 거리를 구할 수 있다.

연주시차가 1″**인 별까지 거리를 1파섹(pc)이라고 한다. 1pc은

*   행성 공전 주기의 제곱은 행성과 태양까지의 평균 거리의 세제곱에 비례한다.
**   초. 1°(1도)를 60등분하면 1′(1분)이고, 1′을 60등분하면 1″(1초)이다. 즉 1″는 1/3600°이다.

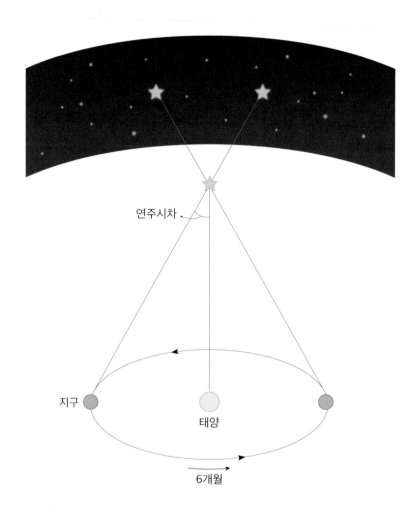

연주시차

지구

태양

6개월

3.26광년이다. 1광년은 빛이 1년 동안 이동한 거리로, 약 9조 4,600억 km다. 연주시차 1″는 소형 망원경으로는 관측이 어려울 정도로 작아서 망원경을 발명하고도 200년이 더 지나서야 인류는 별까지의 거리를 측정할 수 있었다.

1838년 프리드리히 베셀이 최초로 별과의 거리를 측정했다. 백조자리 61번 별의 연주시차는 0.31″였으며, 베셀의 측정 결과 이 별까지의 거리는 10.3광년이었다. 이후 망원경이 커지고 관측 기술이 발달함에 따라 비교적 가까운 별까지의 거리들이 속속히 측정되었다. 1989년 유럽우주국(ESA)에서는 히파르코스라는 탐사 위성을 쏘아 올려서 별들의 연주시차를 정밀히 측정했다. 이때 약 250만 개의 별의 거리를 알 수 있게 되었고, 백조자리 61번의 거리도 11.4광년으로 수정되었다.

그러나 연주시차로도 여전히 거리를 계산해 낼 수 없을 만큼 먼 천체들이 있었다.

겉보기 등급과 절대 등급으로 거리를 계산하다

별의 밝기는 등급으로 표시한다. 숫자가 작을수록 밝고, 숫자가 클수록 어둡다. 지구 밤하늘에서 보이는 밝기를 나타내는 단위가 겉보기 등급(m)이다.

기원전 135년경 히파르코스가 눈으로 봤을 때 가장 밝은 별을 1등급, 가장 어두운 별을 6등급으로 구분한 것이 겉보기 등급의 시초다. 19세기 영국의 천문학자 노먼 포그슨이 별빛을 측정해, 1등급은 6등급보다 100배 정도 밝다는 사실을 알아냈다. 이를 근거로 별의 밝기는 한 등급이 오를 때마다 2.51배 더 밝아지는 것으로 정해졌다. 1등급은 3등급보다 6.3배(2.51^2배) 밝고, -1등급은 3등급보다 40배(2.51^4배) 정도 밝다. 0등급인 직녀성(베가)은 2등급인 북극성보다 6.3배 밝고, 겉보기

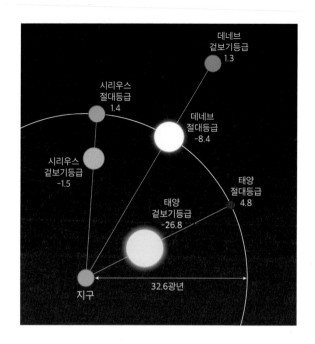

등급이 -1.5등급인 시리우스는 북극성보다는 약 25배 밝다.

겉보기 등급은 별의 실제 밝기를 나타내지 못한다. 별이 지구와 가까우면 밝아지고 멀면 어두워지기 때문이다. 태양은 시리우스보다 가까이 있어 더 밝고, 북극성은 시리우스보다 멀리 있어 어둡다.

별의 진짜 밝기를 표시하기 위해 절대 등급(M)이 도입되었다. 절대 등급은 별이 지구에서 32.6광년(10pc) 떨어진 위치에 있다고 가정하고 별의 밝기를 표시한다.

8.6광년 거리에 위치한 시리우스는 겉보기 등급이 -1.5등급이지만, 32.6광년 거리로 옮기면 1.4등급으로 떨어진다. 2,615광년 떨어진 백조자리 데네브는 겉보기 등급이 1.3이지만 절대 등급으로는 -8.4등급이

나 된다. 대중적으로 이름이 잘 알려진 별들 중에서는 아마 데네브가 실제로 가장 밝을 것이다. 그리고 목동자리 아르크투루스는 36.7광년 떨어진 위치에 있다. 절대 등급을 계산하는 기준 거리와 비슷한 곳에 있기에 이 별의 겉보기 등급(0등급)과 절대 등급(-0.3등급)에는 별 차이가 없다.

별의 절대 등급을 예측할 수 있다면 겉보기 등급을 이용해 별까지의 거리를 계산할 수 있다. 문제는 별의 절대 등급을 어떻게 알아낼 수 있느냐이다.

문학 속에서 보통 별은 영원히 빛나는 한결 같은 존재로 묘사된다. 하늘의 별이 늘 같은 밝기로 보이기 때문일 것이다. 그러나 별도 태어나서 자라고 죽는 과정에서 밝기와 크기가 변한다. 그저 별의 수명이 너무 길기 때문에 인간이 수백 년 동안 관측한다고 해도 변화를 알아챌 수 없을 뿐이다. 그런데 인류가 인지할 수 있는 짧은 기간에 어두워졌다가 다시 밝아지기를 반복하는 별이 있다. 이처럼 짧은 기간에 밝기가 변하는 별을 변광성이라 한다.

1784년 영국의 존 구드리케는 케페우스자리 델타성이 5.4일을 주기로 3.5등급까지 밝아졌다가 4.3등급까지 어두워지기를 반복한다는 사실을 발견했다. 케페우스자리 델타성과 비슷한 원인으로 밝기가 변하는 변광성들을 세페이드형 변광성이라고 한다.

세페이드형 변광성은 짧게는 1일에서 길게는 50일까지 다양한 주기로 밝기가 변하고, 빠른 속도로 밝아졌다가 천천히 어두워진다. 세페이드형 변광성의 대기를 구성하는 헬륨은 고온에 의해 이온으로 변화해 팽창했다가, 다시 원자로 돌아가며 수축한다. 이로 인해 별의 표

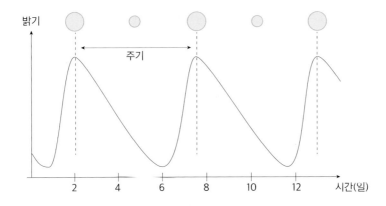

세페이드형 변광성의 밝기 변화

밝기

주기

2 4 6 8 10 12 시간(일)

면적이 바뀌는데 팽창할 때 밝아지고 수축하면 어두워진다.

1912년 미국의 헨리에타 레빗은 마젤란은하 사진에 찍힌 세페이드형 변광성의 밝기 변화를 조사하다가, 변화 주기가 길수록 겉보기 밝기가 밝다는 사실을 발견했다. 레빗이 이때 조사한 수백 개의 변광성은 모두 마젤란은하에 위치하고 있었고, 이 변광성들의 지구와의 거리는 대부분 비슷했다. 따라서 사진으로 봤을 때 밝은 변광성은 어둡게 찍힌 변광성에 비해 실제로도 밝은 별이었다. 즉 세페이드형 변광성은 변광 주기가 길수록 절대 등급이 작아지고 밝아진다. 세페이드형 변광성의 변광 주기와 절대 등급 사이에는 연관성이 있었던 것이다. 레빗이 연구 결과를 발표하고 1년 뒤, 덴마크의 아이나르 헤르츠스프룽이 우리 은하에 있는 비교적 가까운 거리의 세페이드형 변광성들의 거리를 측정했다.

별의 절대 등급과 겉보기 등급, 거리와의 관계를 나타내는 공식이 있다. 세페이드형 변광성의 변광 주기로 절대 등급을 알아내고, 이 별의 겉보기 등급을 측정해 공식에 대입하면 별까지의 거리를 알아낼 수 있다. 변광 주기가 3일인 세페이드형 변광성은 태양의 800배나 더 밝고, 변광 주기가 30일인 변광성은 태양의 1만 배나 된다.

이렇게 세페이드형 변광성의 밝기를 이용하면 그 변광성이 속한 성단까지의 거리를 측정할 수 있다. 아주 멀리 있는 천체의 거리를 알게 된 것이다. 세페이드형 변광성은 절대 등급이 밝기 변화 주기에 따라 규칙적으로 변한다. 지구와 별의 거리를 재는 기준이 되는 별들을 표준 광원standard candle이라고 하는데, 세페이드형 변광성의 절대 등급과 변광 주기 사이는 규칙적이기 때문에 100년이 넘도록 표준 광원으로 사용되었다.

1920년 4월 26일 스미소니언 자연사 박물관 베어드 강당에서 새플리-커티스 논쟁이라고도 불리는 천문학사의 대논쟁이 진행되었다. 안드로메다자리의 커다란 나선 모양 성운이 우리은하 내에 있는 성운인지, 아니면 우리은하 밖에 있는 은하인지를 두고 격렬한 논쟁이 일어난 것이다.

할로 새플리는 우리은하가 우주의 전부라고 생각했다. 그래서 안드로메다는 성운이라고 여겼다. 새플리는 이 거대한 성운이 우리 은하 밖에 있는 은하라고 가정했을 때 넓어지는 우주의 크기를 받아들일 수 없었다. 불가능한 크기라고 여긴 것이다. 게다가 이 성운에서 발견되는 신성이 성운보다 밝을 때가 있는데, 그는 만약 이 성운이 은하라면 신성이 은하보다 많은 에너지를 내뿜는다는 이야기인데 이 또한 불가능하다고 생각했다.

반면 히버 커티스는 안드로메다에 성운에서 발견되는 신성이 우리 은하 전체에서 발견되는 신성의 수보다 많다는 점에 주목했다. 안드로메다성운이 우리은하의 일부에 불과하다면, 어떻게 이 성운에서 발견되는 신성이 우리은하의 나머지 부분에 있는 전체 신성들보다 많을 수 있겠느냐는 것이다. 그는 이는 우리은하보다 큰 외부은하라야 가능한 일이라고 주장했다.

새플리-커티스 논쟁의 종지부를 찍는 데는 세페이드형 변광성이 결정적 역할을 했다. 에드윈 허블은 1925년 당시 최대 구경이었던 후커 망원경으로 안드로메다성운에 위치한 세페이드형 변광성을 발견했다. 이 변광성의 변광 주기를 바탕으로 절대 등급을 예측하고, 겉보기 등급을 측정한 후 거리를 계산하니 93만 광년이라는 수치가 나왔다.

우리은하의 크기를 대략 10만 광년으로 예상하고 있었기 때문에, 93만 광년의 거리에 위치한 안드로메다성운은 더 이상 우리은하 내의 성운이 아니었다. 우리은하 밖에 위치하며 수많은 별을 거느린 별도의 외부은하였다. 이후 안드로메다은하뿐 아니라 우리은하 밖에 많은 외부은하들이 있음이 밝혀진다.

초신성 폭발로 외부은하의 거리를 측정하다

태양보다 질량이 10배 이상 큰 별은 중심부의 핵융합이 활발해 별의 에너지원을 1,000만 년 정도의 짧은 시간 만에 소진한다. 수소, 헬륨 등 가벼운 원소가 모두 소진되면 별은 급격히 수축하고 중심부 온도는 다시 높아진다. 온도가 급격히 상승하면 몇 초 정도 되는 짧은 시간에 여러 원소의 핵반응이 연쇄적으로 일어난다. 이때 엄청난 에너지가 발생해 별이 폭발한다. 별의 마지막 모습인 초신성 폭발 현상이다.

우주에 존재하는 모든 중금속 원소는 초신성 폭발로 만들어진다. 초신성 폭발이 일어나면 별의 외부를 구성하던 원소들은 우주로 흩어지고, 중심부에 있던 원소들은 수축해 블랙홀이 된다. 철이 포함된 성운이 우주로 흩어지다가 다른 성운을 만나 다시 별이 될 때, 지구와 같은 행성이 같이 만들어진다. 인체를 구성하는 여러 원소와 지구의 중금속은 옛날에 죽은 별에서 나왔다.

초신성 폭발은 순간적으로 은하 전체의 밝기를 능가할 정도를 밝은 빛을 낸다. 초신성 하나가 별 수백억 개를 합친 것만큼 밝다. 만약 우리은하 내에서 초신성 폭발이 일어난다면 낮에도 보일 것이다. 실제로 1054년에 게자리에서 폭발한 초신성은 보름달만큼 밝았다는 기록이 남아 있다.

초신성 폭발은 별이 장렬하게 죽는 순간 일시적으로 밝아지는 현상이므로, 그 밝기를 오랫동안 유지하지는 못한다. 한번 어두워진 초신성은 다시 밝아지지 않는다. 즉 초신성은 변광성 중에서도 가장 드라마틱한 변화를 보여준다. 초신성 폭발로 발생하는 빛은 태양보다 수천만~수백억 배는 더 밝아서 외부은하에서 일어나더라도 관측이 가능하다.

초신성에도 여러 유형이 있는데 그중 Ia형 초신성 폭발은 표준 광원으로 사용된다. 이 폭발은 백색왜성과 적색거성으로 이루어진 쌍성계에서 일어난다. 쌍성계는 두 항성이 한 무게중심을 중심으로 궤도

운동을 하는 계이다. 두 별이 서로 돌다보면 질량이 큰 백색왜성이 적색거성의 물질을 빨아들이면서 커진다. 그렇게 커지던 백색왜성의 질량이 태양의 1.44배에 도달하면 순간적으로 초신성 폭발을 일으킨다. 백색왜성이 초신성 폭발을 일으키는 순간의 질량은 언제나 비슷하므로, 최고로 밝을 때의 절대 등급도 −19.3등급으로 늘 동일하고, 밝기 변화도 매번 같은 패턴을 보인다.

Ia형 초신성 폭발의 절대 등급을 알고 있으니 겉보기 등급과 밝기 변화를 관측하면 이 초신성까지의 거리를 알 수 있다. 그렇다면 초신성이 속한 은하까지의 거리도 계산할 수 있다. Ia형 초신성 폭발 현상으로 측정해 본 외부은하까지의 거리는 수천만 광년을 넘어 수억 광년이나 떨어져 있었다.

우리가 아는 우주의 크기는 이렇게 무한대로 확장되었다. 갈릴레이의 관측으로 세상의 중심이 지구에서 태양으로 바뀌었고, 허셜의 관측으로 태양 또한 우주의 중심이 아니라 우리은하의 변두리에 위치한다고 밝혀졌다. 우주 자체로 여겨지던 우리은하 또한 셀 수 없이 많은 은하들 중 하나라는 사실이 알려졌다. 생명의 근원이었던 태양이 우주라는 해변에 널린 모래알과 같이 작은 존재였던 것이다.

별똥별의 빛은 현재의 빛이지만, 직녀성의 빛은 26년 전의 과거를 담고 있다. 어떤 별빛은 수천, 수만 년 전의 과거를 보여주고 있다. 수억 년 전의 은하도 보인다. 밤하늘은 무한한 시간과 공간이 공존하는 곳이었다.

과학은 주장하는 것이 아니라
증명하는 것이다

태양중심설과 지구중심설

태양은 매일 동쪽에서 떠서 남쪽 하늘을 지나 서쪽으로 진다. 하늘의 모든 천체는 이렇게 뜨고 지며 회전하는데, 지구가 매일 한 바퀴씩 스스로 돌고 있기 때문에 생기는 현상이다. 지구의 움직임을 체감할 수 없는 인간은 하늘이 지구를 중심으로 회전하고 있다고 느낀다. 뿐만 아니라 옛날에는 지구가 태양을 포함한 하늘의 모든 천체보다 크고 이 세상의 중심이 지구라고 믿었다. 그러니 모든 천체가 지구를 중심으로 돈다는 설명이 당연하게 받아들여졌다.

2,500년 전 아리스토텔레스는 모든 사람들이 항상 경험하는 것이 진리라고 이야기했다. 그가 든 대표적인 예가 하늘의 회전이었다. 이는 천동설의 논리적 근거를 제공해 천동설은 오랫동안 진리로 여겨졌다. 2,300년 전 태양이 지구보다 크다는 사실을 알게 된 아리스타르코스가, 코페르니쿠스보다 1,800년을 앞서 태양중심설(지동설)을 주장했지만, 행성의 역행 운동을 설명하지 못해서 주목받지 못했다.

이후로 인류는 땅과 하늘 중 어느 쪽이 돌고 있는지를 둘러싸고 1,400년간 치열하게 부딪친다. 이 과정에서 목숨을 잃은 사람까지 있다. 이 논쟁의 중심에 사계절 내내 변하지 않는 별자리들과 복잡하게 움직이는 행성들이 있다. 고대 철학자들과 중세 과학자들은 이 천체의 움직임을 설명하기 위해 창의적인 이론들을 고안했다. 수많은 관측이 이 이론들을 뒷받침했다.

프톨레마이오스의 천동설과 코페르니쿠스의 지동설

고대인들은 하늘이 지구를 돌고 있다는 천동설을 믿었다. 천체의 일주 운동은 하늘이 회전해서 발생한다고 생각하면 쉽게 이해되기 때문이다.

천체는 각자 다른 속도로 지구를 돈다. 태양은 지구를 하루에 한 바퀴 돈다. 달과 행성은 한 바퀴에 태양보다 더 긴 시간이 필요하고, 별은 하루가 채 걸리지 않는다. 실제로 별은 하루에 4분씩 일찍 뜨고 달은 하루에 약 50분씩 늦게 뜬다. 천동설을 주장했던 사람들은 이런 현상을 설명하기 위해 천구가 여러 개라고 생각했다. 해가 붙은 천구, 달이 붙은 천구, 각 행성이 붙은 천구, 별이 붙은 천구가 따로 있고 다른 속도로 돌고 있다고 여긴 것이다.

별이 붙어 있는 항성 천구의 회전 속도가 가장 빠르고 다른 천구가 제각각 돈다고 가정하면 태양과 달, 행성이 별자리를 기준으로 조금씩 서쪽에서 동쪽으로 이동하는 현상을 설명할 수 있다. 그런데 가끔 행성은 별자리를 기준으로 동쪽에서 서쪽으로 거꾸로 움직일 때가 있다. 이런 행성의 역행 운동은 일반적인 천동설로는 설명할 수 없었다.

천동설 중 이론적 완성도가 가장 높은 것은 프톨레마이오스 (100?~170?)의 지구중심설이다. 고대 그리스인들은 하늘에 있는 천체들이 모두 완벽한 원을 그리면서 움직인다고 생각했고, 프톨레마이오스도 원을 이용해서 천체의 움직임을 설명하려고 했다. 프톨레마이오스의 우주에서 태양, 달, 행성, 별 등 모든 천체가 각각의 궤도를 따라 지구를 도는데, 행성 궤도에는 작은 원인 주전원이 있다. 행성은 주전원을 돌고 주전원은 궤도를 따라 돈다. 행성이 주전원을 따라 돌 때 지구를 도는 속도가 별보다 빨라져서 역행하기 시작한다. 행성의 역행이 매년 같은 시기에 일어나는 것이 아니므로 행성마다 여러 개의 주전원이 존재해야만 했다.

수성과 금성의 문제도 있었다. 금성이 지구를 돈다면 태양의 반대편에 위치할 수 있다. 그렇다면 보름달처럼 한밤중에도 금성을 볼 수 있어야 하는데 금성은 어떤 경우에도 한밤중에 보이지 않는다. 프톨레마이오스는 수성과 금성의 주전원 중심이 태양과 같은 각속도로 지구를 돌고 있다고 가정했다. 그러면 수성과 금성은 근처에서만 움직이게 되니 한밤중에 보이지 않는 점을 설명할 수 있다.

프톨레마이오스의 지구중심설은 지구가 세상의 중심이며 모든 천체는 원운동을 한다는 고대 그리스인들의 믿음에 어긋나지 않으면서도 행성의 움직임을 설명했다. 그래서 오랜 시간 동안 사람들에게 받아들여졌다. 그러나 관측 결과가 쌓일수록, 행성의 운동을 설명하기 위해 더 많은 요소를 도입해야 했고 우주의 모습은 더 복잡해져만 갔다.

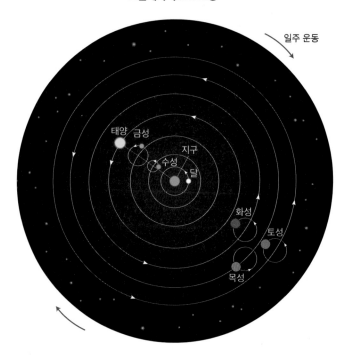

프롤레마이오스 모형*

일주 운동

태양 금성
지구
수성
달
화성
토성
목성

* 빨간 화살표는 일주 운동, 하얀 화살표는 연주 운동 방향이다.

　1,400여 년이 지난 1543년, 코페르니쿠스(1473~1543)가 태양중심설을 정리해 발표했다. 그는 태양중심설로 행성의 역행을 설명했다. 모든 행성이 항상 같은 방향으로 태양 주위를 돌고 있지만, 지구와 행성의 공전 속도가 다르기 때문에 행성이 거꾸로 움직이는 현상이 벌어진다는 것이다.

　수성과 금성이 한밤중에 보이지 않는 이유도 더 간단히 설명했다. 두 행성은 지구보다 안쪽 궤도에서 태양 주위를 돌고 있는 내행성이기

코페르니쿠스 모형

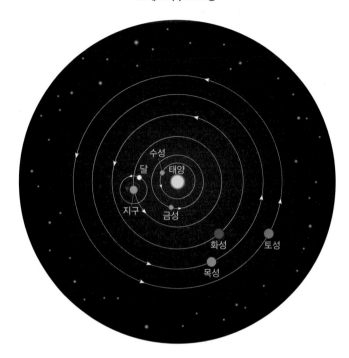

때문에, 태양-지구-내행성이 이루는 이각이 일정 크기를 벗어날 수 없으며 늘 태양 근처에 보이고 한밤중에는 뜨지 않는다.

이렇게 코페르니쿠스는 프톨레마이오스보다 훨씬 간단하게 행성의 움직임을 설명하는 데 성공하고, 이후로 이어질 과학 혁명의 단초를 마련했다. 물론 코페르니쿠스의 체계에도 한계는 있었다. 실제 행성의 궤도는 타원 모양인데, 코페르니쿠스도 행성이 원운동을 한다는 고대 철학자들의 생각에서 벗어나지 못한 것이다.

타원 궤도는 도입은 17세기 초 케플러 시대에야 도입되었다.

최고의 관측 천문학자 튀코 브라헤가
지동설을 거부한 이유는?

1609년 갈릴레이가 천체망원경을 사용하기 전까지, 가장 정확하고 많은 육안 천체 관측 기록을 남긴 천문학자가 튀코 브라헤(1546~1601)다. 브라헤가 사분의와 혼천의를 사용해 남긴 관측 기록은, 그의 제자인 요하네스 케플러(1571~1630)가 행성 운동의 법칙을 정립하는 데 큰 도움을 줄 정도로 상세하며 풍부했다. 당대 최고의 관측 천문학자였던 그는 코페르니쿠스의 태양중심설이 프톨레마이오스의 지구중심설보다 합리적이라는 사실을 이해하고 있었다.

그럼에도 튀코 브라헤는 태양중심설을 받아들이지 못했는데, 별의 연주시차가 측정되지 않았기 때문이다. 지구가 태양 주위를 돈다면 지구의 위치가 변함에 따라 별이 보이는 방향들이 달라져야 했다. 그러나 그는 어떤 별에서도 연주시차를 발견하지 못했다. 그래서 지구가 태양 주위를 돌지 않는다는 결론을 내리고, 지구중심설을 수정해 튀코 브라헤의 지구-태양 중심설을 만든다.

이 수정된 지구중심설에서 행성들은 태양을 돈다. 그리고 태양은 지구를 돈다. 태양이 지구를 돌고 있다고 전제한 것을 제외하면 코페르니쿠스의 태양중심설과 동일하다. 수성과 금성은 태양과 지구 사이에서 돌고 있어, 이 가설로 두 행성이 한밤중에 보이지 않는 현상도 설명할 수 있다. 수정된 지구중심설은 지구가 움직이지 않으므로 별의 연주시차가 발생하지 않는 현상도 설명할 수 있다.

이 우주에서 행성들은 태양이 지구를 돌 때 태양과 함께 돈다. 지구

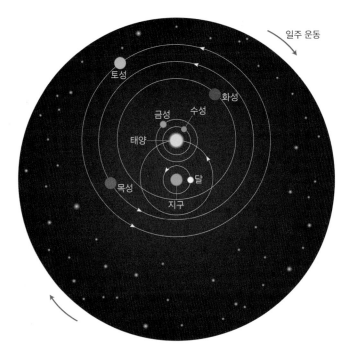

튀코 브라헤 모형

일주 운동

토성

화성

금성   수성

태양

목성   달

지구

에서 이 행성들을 보면, 태양이 지구를 움직이는 속도와 행성이 태양을 도는 속도가 합쳐진다. 화성, 목성, 토성은 지구에서 태양까지의 거리보다 멀리서 궤도를 돌고 있다. 그래서 지구를 사이에 두고 태양과세 행성이 반대편에 놓일 때가 생기는데 이때가 지구에서 행성들이 가장 가깝다. 가까이 있는 물체는 조금만 움직여도 많이 움직이는 것처럼 보이므로 지구에서 보면 이동 속도가 더 빠르다. 그래서 평상시에는 별보다 느리게 움직이던 행성이 이때는 별보다 빨라지고, 역행 운동이 일어난다.

우주의 중심이 태양과 지구, 둘이나 되어 억지스럽다고 생각할 수도 있지만, 튀코 브라헤는 자신의 관측을 바탕으로 이 가설을 세웠던 것이다. 그러나 망원경이 쓰이고 연주시차가 관측되면서 이 우주론은 역사 속으로 사라졌다.

갈릴레이의 금성 관측, 세상의 중심을 바꾸다

우주의 중심이 지구인지 태양인지를 둔 논쟁은 행성의 운동을 얼마나 설명하고 예측할 수 있느냐가 주요 쟁점이었다. 별까지의 거리가 전혀 알려지지 않아서, 별이 지구를 하루에 한 바퀴 돈다는 것이 얼마나 비현실적인지도 몰랐던 시대였다. 관측의 한계 때문에 지구중심설이 틀렸다는 결정적 증거도 없었고, 지구가 움직인다는 결정적 증거도 없었다.

갈릴레오 갈릴레이(1564~1642)가 천체망원경으로 행성을 관측하기 시작함으로써 논쟁은 결말을 향해 나아갔다. 1610년 갈릴레이는 망원경으로 목성에 아주 근접한 별 3개를 발견했다. 다음 날엔 이 별들의 위치가 바뀌어 있었다. 어떤 때는 별들 중 하나가 목성 뒤에 숨어 보이지 않았다. 갈릴레이는 1월 내내 황소자리에 위치한 목성을 관측했고, 목성 주위를 배회하는 별이 셋 있다는 결론에 이르렀다. 나중에 4개로 정정된 이 천체들은 목성의 위성이었다. 갈릴레이의 4대 위성으로 불리는 이오, 유로파, 칼리스토, 가니메데이다. 이는 매우 놀라운 발견이었는데, 천체들이 모두 지구를 중심으로 돌고 있다는 천동설의 전제를 부정하기 때문이다.

사진 6-1 금성의 위상 변화.

갈릴레이의 망원경이 금성을 향하자 더 놀라운 광경이 펼쳐졌다. 금성은 동그란 모양은 물론, 초승달 모양부터 반달 모양까지 다양한 모습으로 보였다. 게다가 금성은 보름달 모양일 때보다 초승달 모양일 때 6배는 더 커 보였다.

프톨레마이오스의 지구중심설에서는 금성의 주전원이 항상 태양과 지구 사이에 위치하기 때문에, 지구-금성-태양이 늘 둔각을 이루어 금성이 언제나 초승달 모양으로 보여야 한다. 금성이 보름달 모양으로 보이려면 그 각도가 0°에 가까이, 금성이 태양을 사이에 두고 지

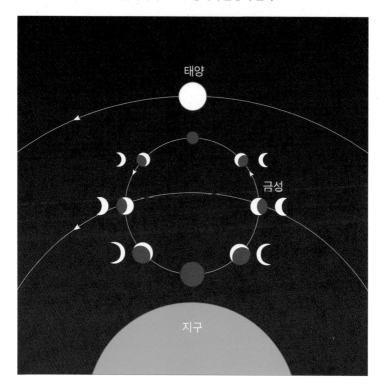

구의 반대편에 있어야 한다. 태양중심설에서는 이 일이 가능하다. 지구-금성-태양의 각도가 0°부터 180°까지 다양해 보름달부터 초승달까지 모든 모양으로 보일 수 있다. 그리고 태양중심설에서는 금성이 지구 가까이 있을 때 초승달 모양이 되기 때문에 보름달 모양일 때보다 커 보이는 것도 당연하다. 금성의 모양 또한 태양중심설의 근거가 되었다.

갈릴레이가 관측한 금성의 변화

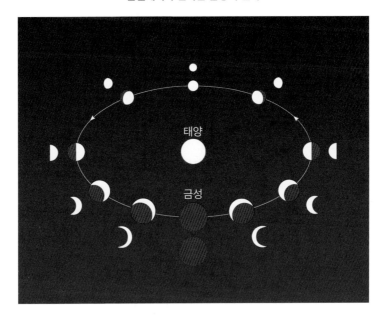

튀코 브라헤의 우주 모형에서도 금성이 동그랗게 보이는 일이 가능했지만, 갈릴레이는 코페르니쿠스의 태양중심설이 옳다고 판단했다. 튀코 브라헤의 지구중심설에서는 태양에서 멀리 있는 천체일수록 태양을 도는 속도가 느려진다고 설명한다. 그런데 목성보다도 훨씬 멀리 있는 별들이 지구를 하루에 한 바퀴씩 돈다는 것이 이상했기 때문이다. 갈릴레이는 행성과 달리 모든 별이 망원경으로 봐도 항상 점으로 보이자, 별과의 거리가 굉장히 멀다고 판단했다. 실제로 별은 너무 멀리 있어 최근에 만들어진 가장 큰 망원경으로 관측해도 점으로밖에 보이지 않는다.

그러나 대중에게는 여전히 하늘이 돌고 있는 것처럼 보였고, 사람들은 지구가 돈다는 것을 전혀 느낄 수 없었다. 가톨릭교회는 신의 형상을 한 인간이 사는 지구가 우주의 중심이라는 천동설을 진리로 받아들였다. 그래서 이를 부정하는 자를 종교 재판에 회부했다. 갈릴레오 또한 태양중심설을 주장한다는 이유로 종교 재판을 받았다. 갈릴레오는 어쩔 수 없이 재판장에서 태양중심설을 부인한다. 그가 재판장을 나가며 "그래도 지구는 돈다."라는 말을 남겼다는 이야기가 사실인지는 알 수 없지만, 이후 집필한 저서에서 그가 실제로는 자신의 뜻을 굽히지 않았다는 사실은 알 수 있다.

갈릴레이가 지지했던 코페르니쿠스 체계는 당대에는 받아들여지지 않았지만 점점 수용하는 사람이 늘어났다. 17세기가 되면 대부분의 천문학자들이 이를 지지했으며, 18세기 이후로는 정설로 굳었다. 갈릴레오는 태양중심설을 그저 주장만 한 것이 아니라, 증명했기 때문이다. 다른 과학자들은 갈릴레이와 같은 관측 결과를 얻을 수밖에 없었고, 합리적으로 갈릴레오의 이론을 받아들였다.

갈릴레이 이후 과학 혁명이 시작되었다. 합리적이고 과학적 연구 태도를 갖춘 인류는 이전 시대에 비해 빠른 속도로 과학 지식을 쌓아 올릴 수 있었다.

사진 저작권

오늘의 ✦ 천체관측

초판 1쇄 발행 2021년 11월 13일
초판 6쇄 발행 2024년 10월 10일

지은이   심재철 김지훈 이혜경 조미선 원치복
펴낸이   조미현

책임편집   김솔지
디자인   정은영
그림   윤이슬

펴낸곳   (주)현암사
등록   1951년 12월 24일 · 제10-126호
주소   04029 서울시 마포구 동교로12안길 35
전화   02-365-5051
팩스   02-313-2729
전자우편   editor@hyeonamsa.com
홈페이지   www.hyeonamsa.com

ISBN 978-89-323-2173-8 03440